時間 **15**分 | 合かく **80点** | /100

[グラフに あらわすと、ひとめで 多い、少ないが わかります。]

❶ どうぶつ公園に いる どうぶつの 数を くらべて、ひょうに しました。もんだいに 答えましょう。 📖教上9ページ❶、10ページ❷

100点（1だい20）

どうぶつの 数

名前	きりん	ひつじ	さる	うさぎ	あひる
数	2	5	8	6	7

① どうぶつの 数を ○を つかって 右の グラフに あらわしましょう。

② いちばん 多い どうぶつは 何ですか。

(さる)

③ 2ばんめに 多い どうぶつは 何ですか。

( )

④ いちばん 少ない どうぶつは 何ですか。

( )

⚠ミスにちゅうい!
⑤ ひつじと うさぎでは、どちらが 何びき 多いでしょうか。

( )

どうぶつの 数

き り ん	ひ つ じ	さ る	う さ ぎ	あ ひ る

○は、下から
じゅんに
かこう。

● グラフと ひょう
① **わかりやすく あらわそう ……(2)**

[2つの グラフに あらわすと、数を くらべやすく なります。]

❶ みんなで したい スポーツの 多い、少ないを つぎの グラフに あらわしました。1回めは 晴れのとき、2回めは 雨のときです。もんだいに 答えましょう。　📖教上11ページ❸

100点(1だい25)

	したい スポーツと 人数 1回め			
○	○			
○	○			
○	○	○		
○	○	○		
○	○	○		○
○	○	○	○	○
○	○	○	○	○
野きゅう	サッカー	バレーボール	たっきゅう	バスケットボール

	したい スポーツと 人数 2回め			
				○
				○
			○	○
	○	○	○	○
	○	○	○	○
○	○	○	○	○
○	○	○	○	○
野きゅう	サッカー	バレーボール	たっきゅう	バスケットボール

① 1回めで、いちばん 多い
スポーツは 何ですか。　　　　（　　　　　）

② 2回めで、いちばん 少ない
スポーツは 何ですか。　　　　（　　　　　）

③ 1回めから 2回めで、人数が へった スポーツは
何ですか。　（　　　　　）と（　　　　　）

④ 1回めと 2回めの 人数を あわせると、いちばん 多い
スポーツを みんなで します。それは 何ですか。
　　　　　　　　　　　　　（　　　　　）

教科書 📖 上11ページ

●たし算の ひっ算
② たし算の しかたを 考えよう
1 たし算（1）

……（1）

サクッと こたえ あわせ

答え **79**ページ

[ひっ算は、たてに くらいを そろえて 書き、一のくらいから 計算します。]

❶ 13＋26の ひっ算の しかたを 考えます。□に あてはまる
数を 書きましょう。 📖教上15ページ⚠ 　　　55点（1つ5）

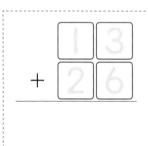

① くらいを たてに そろえて 書きます。

② 一のくらいの 計算は、□＋□＝□

③ 十のくらいの 計算は、□＋□＝□

④ 答えは □ に なります。

❷ 計算を しましょう。 📖教上15ページ⚠ 　　　30点（1つ5）

① 35＋24

② 15＋63

③ 45＋22

④ 38＋61

⑤ 19＋50

⑥ 70＋25

くらいを そろえて 書くんだね。

❸ ゆみさんは、62円の チョコレートと 27円の ガムを
買います。だい金は いくらに なりますか。 📖教上13〜14ページ❶

15点（しき5・ひっ算5・答え5）

しき
（ 　　　　　　 ）

ひっ算

答え
（ 　　　　　 ）

教科書 📖 上12〜15ページ

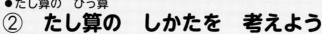

時間 15分　合かく 80点　/100　月　日

サクッと
こたえ
あわせ

答え 79ページ

●たし算の　ひっ算
② **たし算の　しかたを　考えよう**
1　たし算（1）　　　……(2)

[3のような　1けたの　数は、一のくらいに　書き、十のくらいは　あけます。]

❶ 65＋3の　ひっ算の　しかたを　考えます。□に　あてはまる　数を
書きましょう。　📖教上16ページ❷　　　　　　　　　　25点(1つ5)

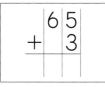

くらいを　たてに
そろえて　書く。

① 一のくらいは、　5 ＋ 3 ＝ 8

② 十のくらいは、□

③ 答えは、□

❷ 計算を　しましょう。　📖教上16ページ②、⚠　　　　50点(1つ10)

① 52
　＋ 7

② 　6
　＋43

③ 　7
　＋80

④ 23＋4

⑤ 5＋90

くらいを　たてに
まちがえずに
書きましょう。

❸ 本が　32さつ　あります。新しく　5さつ　ふえました。
ぜんぶで　何さつに　なりますか。　📖教上16ページ

25点(しき10・ひっ算10・答え5)

しき

（　　　　　　　　）

ひっ算

答え

（　　　　　　　）

教科書📖　上16ページ

きほんの
ドリル
→5。

時間 15分 ／ 合かく 80点 ／100

月 日

サクッと
こたえ
あわせ

答え 79ページ

●たし算の ひっ算
② **たし算の しかたを 考えよう**
2 たし算（2） ……（1）

[一のくらいで、 くり上がりの ある ひっ算の しかたです。]

❶ 24＋38の ひっ算の しかたを 考えます。□に あてはまる
数を 書きましょう。 📖教上17〜18ページ❶ 40点（1つ5）

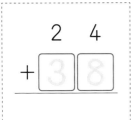

① くらいを たてに そろえて 書きます。
② 一のくらいの 計算

□＋□＝□

十のくらいに 1 くり上げます。

③ 十のくらいの 計算

くり上げた 1と 2で 3。

3＋□＝□

④ 答えは、□に なります。

十のくらいに
くり上げた 1を
わすれないように
しましょう。

❷ ひっ算で しましょう。 📖教上18ページ⚠ 60点（1つ10）

① 19＋57

② 46＋28

③ 39＋16

一のくらいから
計算するんだね。

④ 44＋27

⑤ 15＋68

⑥ 57＋36

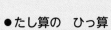

きほんのドリル ➔ **6。**

● たし算の ひっ算

② たし算の しかたを 考えよう
2 たし算（2） ……（2）

時間 15分　合かく 80点 /100　月　日

サクッと こたえ あわせ
答え 80ページ

[一のくらいを たすと、0に なる たし算です。]

❶ 32＋18の ひっ算の しかたを 考えます。□に あてはまる 数を 書きましょう。　📖教上19ページ❷　　40点（1つ5）

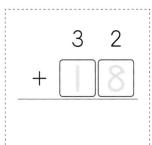

くり上がった ことを わすれないで。

① くらいを たてに そろえて 書きます。

② 一のくらいの 計算

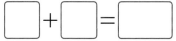
□＋□＝□

十のくらいに 1 くり上げます。

③ 十のくらいの 計算

くり上げた 1と 3で 4。

4＋□＝□

④ 答えは、□に なります。

❷ ひっ算で しましょう。　📖教上19ページ⚠、⚠　　60点（1つ10）

① 42＋28

② 53＋17

③ 34＋26

④ 57＋8

⑤ 72＋8

⑥ 5＋25

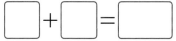

教科書 📖 上19ページ

時間 **15**分 | 合かく **80**点 | /100 | 月　　日

●たし算の ひっ算
② たし算の しかたを 考えよう
3 たし算の きまり

サクッと
こたえ
あわせ
答え **80**ページ

[たされる数と たす数を 入れかえて 計算しても、答えは 同じに なります。]

❶ おはじきが、赤い ふくろに 26 こ、白い ふくろに 18 こ
あります。おはじきは ぜんぶで 何こ ありますか。　📖教上20〜21ページ❶

80点(1つ8)

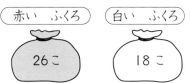

① たくやさんと あやかさんは、つぎの しきを 書きました。

[たくや] 26＋18

[あやか] 18＋26

2人の しきを くらべて、□には あてはまる 数を

( )には あてはまる ことばを 書きましょう。

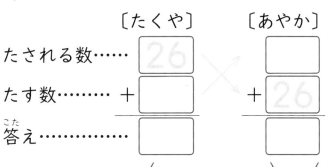

[たくや]　　　[あやか]

たされる数……　26

たす数……… ＋　　　＋ 26

くり上がりに
気を つけよう。

答え……………　　　　　　答え( )

② この ことから、( )と ( )を

入れかえて 計算しても、答えは ( )です。

❷ 計算を しなくても、答えが 同じに なる しきを 線で
むすびましょう。　📖教上21ページ⚠

20点(1つ5)

28＋16 ・　　　・70＋6
54＋9 ・　　　・48＋32
32＋48 ・　　　・16＋28
6＋70 ・　　　・9＋54

たされる数と
たす数を
入れかえても
答えは 同じです。

教科書 📖 上20〜21ページ

●たし算の　ひっ算
② たし算の　しかたを　考えよう

時間 15分　｜　合かく 80点　｜　/100

サクッと
こたえ
あわせ

答え 80ページ

月　　日

1 計算を　しましょう。　　　　　　　　45点(1つ5)

①　　32
　　+14

②　　57
　　+20

③　　30
　　+40

④　　22
　　+ 7

⑤　　19
　　+58

⑥　　17
　　+23

⚠ミスにちゅうい!
⑦　　 8
　　+34

⚠ミスにちゅうい!
⑧　　47
　　+36

⑨　　74
　　+ 9

2 計算を　しなくても、答えが　同じに　なる　ことが　わかる
しきを　見つけて、線で　むすびましょう。　　30点(1つ10)

| 16+29 | 72+15 | 30+48 |

| 48+30 | 23+25 | 29+16 | 15+72 |

3 まことさんは、54円の　えんぴつと　28円の　けしゴムを
買います。だい金は　いくらに　なりますか。

25点(しき10・ひっ算10・答え5)

しき
(　　　　　　　　　　　)

ひっ算

答え
(　　　　　　)

教科書 上12〜23ページ

きほんの
ドリル
＞9。

時間 15分　合かく 80点　/100

月　日

サクッと
こたえ
あわせ
答え 80ページ

●ひき算の　ひっ算

③ ひき算の　しかたを　考えよう

Ｉ　ひき算（Ｉ）　　　　　　　……（Ｉ）

[ひき算の　ひっ算も、たてに　くらいを　そろえて　書きます。]

❶ 45−13の　ひっ算の　しかたを　考えます。□に　あてはまる
数を　書きましょう。　📖教上27ページ⚠　　　45点（1つ5）

① くらいを　たてに　そろえて　書きます。

② 一のくらいの　計算は、□−□＝□

③ 十のくらいの　計算は、□−□＝□

④ 答えは、□に　なります。

❷ ひっ算で　しましょう。　📖教上27ページ⚠　　　30点（1つ5）

① 78
−35

② 64
−23

③ 96
−74

一のくらいから
計算しよう。

④ 85−52

⑤ 59−36

⑥ 75−41

❸ みづきさんは、色紙を　28まい　もって　います。13まい
つかうと　のこりは　何まいですか。　📖教上25〜26ページ❶

25点（しき10・ひっ算10・答え5）

しき　　　　　　　　　　　ひっ算

（　　　　　　　　）　　　　　　　　　　答え

（　　　　　　）

教科書📖 上24〜27ページ

きほんの
ドリル
10。

●ひき算の　ひっ算

③ **ひき算の　しかたを　考えよう**
I　ひき算（I）　　　　　　　　……(2)

時間 15分　合かく 80点　／100

月　日

サクッと
こたえ
あわせ

答え 81ページ

［一のくらいで　くり下がりの　ない　ひっ算の　しかたです。］

❶ 57−52の　ひっ算の　しかたを　考えます。□に　あてはまる
数を　書きましょう。 📖教上28ページ❷　　　　　　　35点(1つ5)

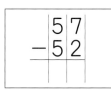

くらいを　たてに
そろえて　書く。

① 一のくらいの　計算は、 $7 - 2 = 5$

② 十のくらいの　計算は、 $\square - \square = \square$

③ 答えは、 $\square$ に　なります。

❷ ひっ算を　しましょう。 📖教上28ページ④、⑤　　30点(1つ5)

①
```
  64
 -20
```

②
```
  73
 -53
```

③
```
  49
 -30
```

3−3＝0
6−6＝0
だよ。

④ 58−4

⑤ 88−7

⑥ 46−6

❸ ともきさんは、83円　もって　います。50円の　ガムを
買いました。のこりは　いくらですか。 📖教上28ページ

35点(しき15・ひっ算10・答え10)

しき
(　　　　　　　　　　)

ひっ算

答え
(　　　　　　　　)

教科書 📖 上28ページ

●ひき算の　ひっ算
③　**ひき算の　しかたを　考えよう**
2　ひき算（2）

……（1）

時間 15分　合かく 80点　／100

サクッと
こたえ
あわせ

答え 81ページ

[一のくらいで　くり下がりの　ある　ひっ算の　しかたです。]

❶ 53−17の　ひっ算の　しかたを　考えます。□に　あてはまる
数を　書きましょう。　📖教上29〜30ページ❶　　　40点（1つ5）

```
    5  3
 −  □  7
```

くり下げた　あとの
数を　上に　小さく
書いて　おきましょう。
```
   4
  5 3
 −1 7
```

①　くらいを　たてに　そろえて　書きます。
②　一のくらいの　計算

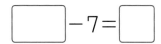
十のくらいから　1　くり下げます。

$$\boxed{}-7=\boxed{}$$

③　十のくらいの　計算

1　くり下げたので　$\boxed{}$

$$4-\boxed{}=\boxed{}$$

④　答えは、　$\boxed{}$　に　なります。

❷ ひっ算で　しましょう。　📖教上30ページ⚠　　　60点（1つ10）

① 43−26

② 72−58

③ 61−34

④ 93−67

⑤ 86−47

⑥ 54−29

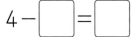

●ひき算の　ひっ算
③　**ひき算の　しかたを　考えよう**
2　ひき算（2）　　　　　　　……（2）

[何十からの　ひき算では、十のくらいから　くり下げて　計算します。]

1 50−23の　ひっ算の　しかたを　考えます。□に　あてはまる　数を　書きましょう。

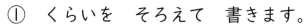 教 上31ページ❷　　40点（1つ5）

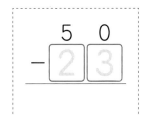

くり下げた　あとの　数を　上に　書くのを　わすれないで。
4
50
−23

① くらいを　そろえて　書きます。

② 一のくらいの　計算

十のくらいから　1　くり下げます。

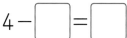 □−3=□

③ 十のくらいの　計算

5から　1　くり下げたので　□

4−□=□

④ 答えは、□に　なります。

2 ひっ算で　しましょう。　📖教 上31ページ⚠、⚠　　60点（1つ10）

① 80−67

② 40−25

③ 72−63

④ 51−49

⑤ 75−8

⑥ 80−4

③、④の　十のくらいの　書き方に　気を　つけて。

教科書 📖 上31ページ

●ひき算の　ひっ算
③　**ひき算の　しかたを　考えよう**
3　ひき算の　きまり

[ひき算の　答えに　ひく数を　たすと、ひかれる数に　なります。]

❶　赤い　色紙と　黄色い　色紙が、あわせて　38まい　あります。
　　赤い　色紙は　16まいです。黄色い　色紙は、何まい　ありますか。

📖教 上32〜33ページ❶　80点(1つ10)

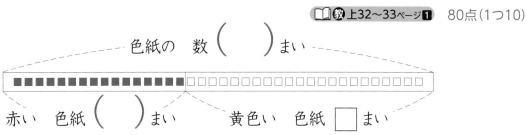

色紙の　数（　　　）まい

赤い　色紙（　　　）まい　　　黄色い　色紙 □まい

①　上の　（　）に　あてはまる　数を　書きましょう。
②　しきを　書いて、答えを　もとめましょう。

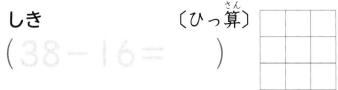

しき　　　　　〔ひっ算〕

（38−16＝　　　）　　　　　　　答え（　　　　　　）

③　答えを　たしかめる　しきを　書きましょう。

しき（　　　　　　　　　　　　　）

ひき算の　答えは、
たし算で　たしかめられるよ。

④　（　）に　あてはまる　ことばを　書きましょう。
　　この　ことから、ひき算の　答えに
（　　　　　　　　）を　たすと、（　　　　　　　　）に　なります。

❷　ひき算の　答えの　たしかめに　なる　たし算の　しきを
　　見つけて、線で　むすびましょう。　📖教 上33ページ⚠　20点(1つ5)

45−26・　　　・16+29
75−59・　　　・19+34
53−34・　　　・16+59
45−29・　　　・19+26
　　　　　　　・16+34

ひき算の　答えに
何を　たすと
いいのかな。

教科書 📖 上32〜33ページ

まとめの
ドリル
14。

●ひき算の ひっ算
③ ひき算の しかたを 考えよう

時間 15分　合かく 80点　／100

サクッと
こたえ
あわせ

答え 81 ページ

月　日

1 計算を しましょう。

45点（1つ5）

① 　59
　−37

② 　68
　−40

③ 　79
　−73

④ 　62
　−29

⑤ 　80
　−24

⑥ 　42
　−37

⑦ 　58
　− 6

⚠ミスにちゅうい！
⑧ 　83
　− 8

⚠ミスにちゅうい！
⑨ 　90
　− 4

2 ひき算の 答えの たしかめに なる たし算の しきを
見つけて、線で むすびましょう。

30点（1つ10）

86−50	67−3	48−23
●	●	●

●　　　　　●　　　　●　　　　　●

64＋3	25＋23	36＋50	3＋67

3 赤い 花が 27本、黄色い 花が 35本 さいて います。
数の ちがいは 何本ですか。

25点（しき10・ひっ算10・答え5）

しき

（　　　　　　　　　）

ひっ算

答え

（　　　　　　　）

教科書 上24〜35ページ

時間 15分 ｜ 合かく 80点 ｜ /100 ｜ 月 日

●長さの たんい

④ 長さを はかって あらわそう
1 長さの たんい　　　……(1)

サクッと こたえ あわせ
答え 82ページ

❶ ⑦、①、⑦の テープで、いちばん 長い テープは
どれですか。きごうで 答えましょう。　📖教上37〜38ページ　30点

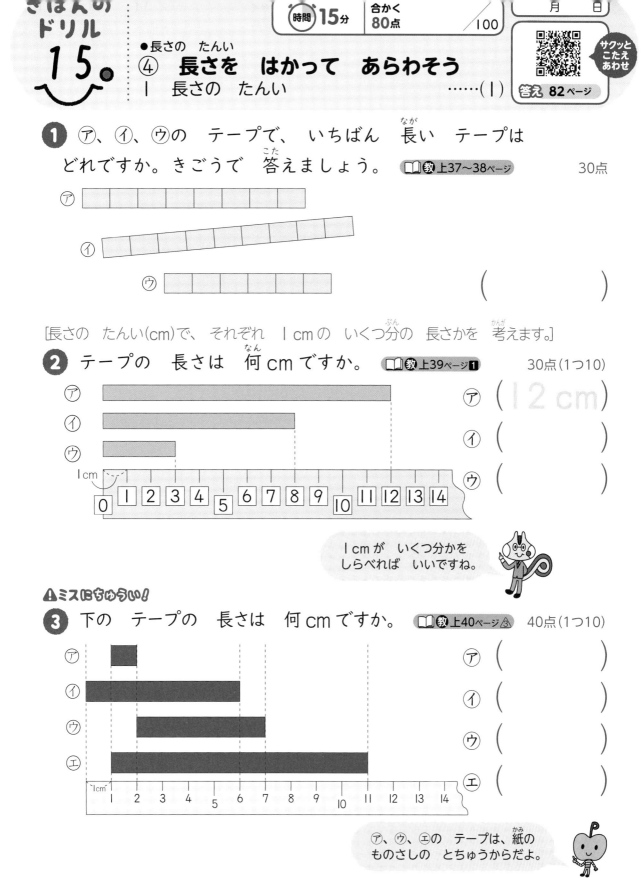

⑦
①
⑦

（　　　）

[長さの たんい(cm)で、それぞれ 1cmの いくつ分の 長さかを 考えます。]

❷ テープの 長さは 何cmですか。　📖教上39ページ❶　30点(1つ10)

⑦　（ 1 2 cm）
①　（　　　）
⑦　（　　　）

1cm が いくつ分かを
しらべれば いいですね。

⚠️ミスにちゅうい！

❸ 下の テープの 長さは 何cmですか。　📖教上40ページ③　40点(1つ10)

⑦　（　　　）
①　（　　　）
⑦　（　　　）
①　（　　　）

⑦、⑦、①の テープは、紙の
ものさしの とちゅうからだよ。

教科書 📖 上37〜40ページ

きほんの
ドリル
16。

時間 15分 合かく 80点 /100

月　日

サクッと
こたえ
あわせ

答え 82ページ

●長さの　たんい
④　長さを　はかって　あらわそう
１　長さの　たんい　　　　　　……(2)

[ものさしの　小さい　１めもりは　１mmを　あらわし、10めもりで　１cmです。]

❶ テープの　長さは　何cm何mmですか。 📖教上41〜42ページ❷　20点

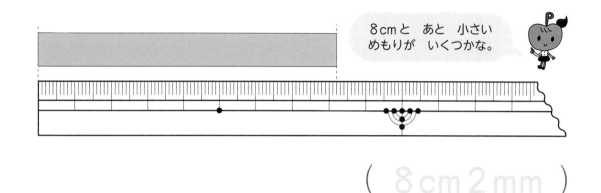

8cmと　あと　小さい
めもりが　いくつかな。

(　8cm2mm　)

❷ 左はしから、㋐、㋑、㋒、㋓までの　長さは、それぞれ
どれだけですか。 📖教上43ページ⑤　　　　60点(1つ15)

㋐ (　　　　　　　) 　㋑ (　　　　　　　)

㋒ (　　　　　　　) 　㋓ (　　　　　　　)

❸ つぎの　ものの　長さは　どれだけですか。 📖教上43ページ⑥　20点(1つ10)

② ビンの
ふた

① (　　　　　　　)

② (　　　　　　　)

① [クリップ]

教科書 📖 上41〜43ページ

きほんの
ドリル
17.

時間 15分 ｜ 合かく 80点 ｜ /100 ｜ 月　　日

サクッと
こたえ
あわせ

答え 82ページ

●長さの たんい
④ **長さを はかって あらわそう**
１ 長さの たんい
……(3)

[１cm＝10mm より、10cm は、何mm かを まず 考えます。]

❶ 線の 長さを はかります。 📖教上44ページ❸　　　20点(1つ10)

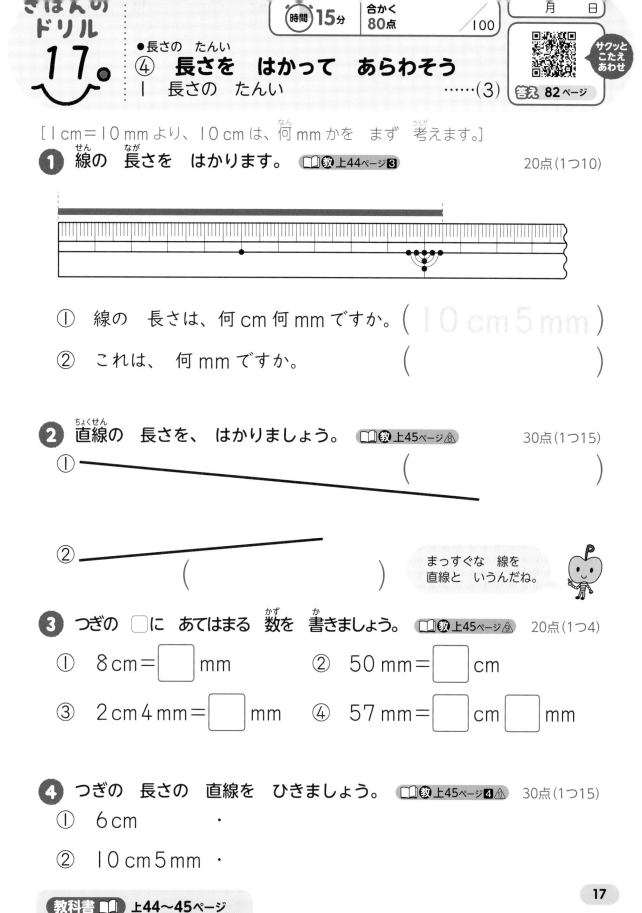

① 線の 長さは、何cm何mm ですか。（ 10cm5mm ）

② これは、 何mm ですか。 （　　　　　　　）

❷ 直線の 長さを、 はかりましょう。 📖教上45ページ⚠　30点(1つ15)

① （　　　　　　　　　　）

② （　　　　　　　　　　）

まっすぐな 線を
直線と いうんだね。

❸ つぎの □に あてはまる 数を 書きましょう。 📖教上45ページ⚠ 20点(1つ4)

① 8cm＝□mm　　　② 50mm＝□cm

③ 2cm4mm＝□mm　④ 57mm＝□cm□mm

❹ つぎの 長さの 直線を ひきましょう。 📖教上45ページ❹⚠ 30点(1つ15)

① 6cm　　　　・

② 10cm5mm ・

時間 15分　合かく 80点　/100　月　日

サクッと
こたえ
あわせ

答え 82ページ

● 長さの　たんい

④ **長さを　はかって　あらわそう**

2　長さの　計算

[長さの　計算では、同じ　たんいどうし　cmとcm、mmとmmの　計算を
します。]

1 線の　長さを　くらべましょう。　📖教上46ページ❶　60点(しき10・答え10)

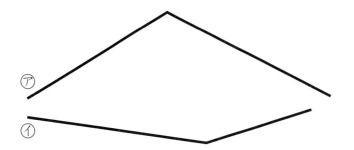

長さを　はかって、
どちらが　長いかな。

① ⑦の　線の　長さは　どれだけですか。

しき 　4 cm 5 mm + 5 cm = 9 cm 5 mm

答え（　　　　　　　）

② ⑦の　線の　長さは　どれだけですか。

しき ☐cm + ☐cm = ☐cm　答え（　　　　）

③ どちらの　線が　どれだけ　長いでしょうか。

しき ☐cm☐mm − ☐cm = ☐cm☐mm

答え（　　　　　　　　　　）

2 計算を　しましょう。　📖教上46ページ⚠　40点(1つ10)

① 8cm + 5cm3mm　　② 7cm8mm + 3cm

③ 13cm7mm − 7cm　　④ 6cm9mm − 5mm

cmとcm、mmとmmで
計算するんだね。

教科書 📖 上46ページ

時間 **15**分 ┃ 合かく **80**点 ┃ /100 ┃ 月　日

サクッと
こたえ
あわせ

●3けたの　数

⑤　**100より　大きい　数を　しらべよう**

Ⅰ　数の　あらわし方と　しくみ　……(1)

答え **82**ページ

[100が　3こで　300、10が　2こで　20、1が　4こで　4　から、
300と　20と　4を　あわせて　書きます。]

1 ぼうや　色紙の　数を、数字で　書きましょう。 📖教上50〜52ページ**1**

30点(1つ15)

①

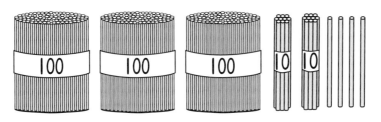

(324)

②

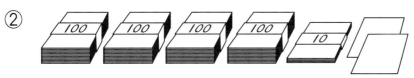

(　　　　)

2 くらいに　分けて　書きましょう。 📖教上52ページ③ 30点(1つ5)

	百のくらい	十のくらい	一のくらい
538	㋐	㋑	㋒
620	㋓	㋔	㋕

3 つぎの　数を　読んで、かん字で　書きましょう。 📖教上53ページ⚠ 20点(1つ5)

① 185 (　　　　)　　② 720 (　　　　)

⚠ミスにちゅうい!

③ 406 (　　　　)　　④ 300 (　　　　)

4 数字で　書きましょう。 📖教上53ページ③ 20点(1つ5)

① 百三十二 (　　　　)　　② 八百五十 (　　　　)

⚠ミスにちゅうい!

③ 七百五 (　　　　)　　④ 五百 (　　　　)

教科書 📖 上50〜53ページ

時間 15分 | 合かく 80点 | /100

月　日

サクッと
こたえ
あわせ
答え 82ページ

● 3けたの 数
⑤ 100より 大きい 数を しらべよう
1 数の あらわし方と しくみ ……(2)

[100、10、1が いくつ あるかを 数えて、くらいに 数字を 書きます。]

1 どんな 数を あらわして いますか。⑦〜⑦に 数を
書きましょう。 📖教上54ページ❸　　　　　　　　30点(1つ10)

百のくらい	十のくらい	一のくらい
100 100 100 100 100 100 100	10 10 10	1 1 1 1 1 1
⑦　7	⑦	⑦

2 □に あてはまる 数を 書きましょう。 📖教上55ページ⚠　30点(1つ5)

① 100を 5こ、10を 2こ、1を 9こ あわせた 数は、
□ です。

② 243は、100を □こ、10を □こ、1を □こ
あわせた 数です。

③ 760は、100を □こ、10を □こ あわせた 数です。

⚠ミスにちゅうい!

3 つぎの 数を 書きましょう。 📖教上55ページ⚠　40点(1つ10)

① 百のくらいが 8、十のくらいが 1、一のくらいが 4
② 百のくらいが 6、十のくらいが 0、一のくらいが 5
③ 一のくらいが 7、十のくらいが 3、百のくらいが 2
④ 一のくらいが 0、十のくらいが 0、百のくらいが 9

①（　　　　　） ②（　　　　　）

③（　　　　　） ④（　　　　　）

教科書 📖 上54〜55ページ

きほんの
ドリル
21。

時間 15分 ┃ 合かく 80点 ┃ /100

月 日

サクッと
こたえ
あわせ

● 3けたの 数
⑤ 100より 大きい 数を しらべよう
1 数の あらわし方と しくみ ……(3)

答え 83ページ

[10を 10こ あつめた 数は 100と なります。]

1 □に あてはまる 数を 書きましょう。 📖教 上56ページ❹ 40点(1つ10)

① 10を 57こ あつめた 数は、 570 です。

② 290は、10を □こ あつめた 数です。

③ 670 ⟨ 600 → 10が 60こ / 70 → 10が 7こ ⟩ 10が □こ

④ 430 ⟨ 400 → 10が 40こ / 30 → 10が 3こ ⟩ 10が □こ

2 下の 数の線を 見て 答えましょう。 📖教 上57ページ❺ 25点(1つ5)

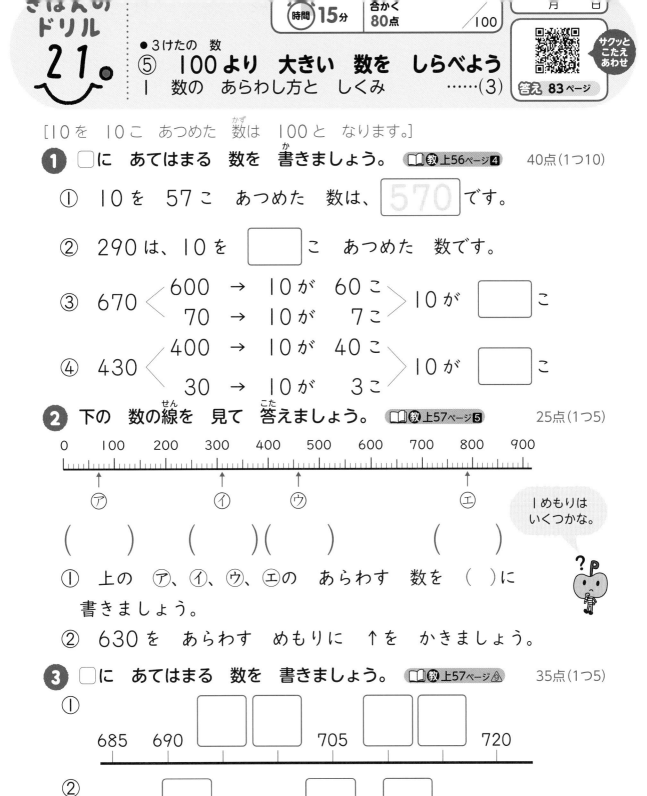

0 100 200 300 400 500 600 700 800 900

⑦ ⑦ ⑦ ⑦

( ) ( )( ) ( )

1めもりは
いくつかな。

① 上の ⑦、⑦、⑦、⑦の あらわす 数を ( )に
書きましょう。

② 630を あらわす めもりに ↑を かきましょう。

3 □に あてはまる 数を 書きましょう。 📖教 上57ページ⚠ 35点(1つ5)

①

685 690 □ □ 705 □ □ 720

②

390 □ 400 □ 410 □ 420

教科書 📖 上56〜57ページ

きほんの
ドリル
22。

時間 15分　合かく 80点　/100　　月　日

サクッと
こたえ
あわせ

答え 83ページ

● 3けたの 数
⑤ 100より 大きい 数を しらべよう
1 数の あらわし方と しくみ　……(4)

[100を 10こ あつめた 数が 1000です。]

1 □に あてはまる 数を 書きましょう。 📖教上58ページ6

22点(①1つ6・②10)

① 百を [10] こ あつめた 数を 千と いい、[　　] と

書きます。

② 100円玉 10こで [　　] 円に なります。

2 下の 数の線を 見て 答えましょう。 📖教上58ページ⚠　48点(1つ8)

```
 0   100  200  300  400  500  600  700  800  900 1000
|||||||||||||||||||||||||||||||||||||||||||||||||||||
```

① いちばん 小さい 1めもりは いくつですか。(　　　　)

② 800は、あと いくつで 1000に なりますか。(　　　　)

③ 1000より 400 小さい 数は いくつですか。(　　　　)

④ 1000より 60 小さい 数は いくつですか。(　　　　)

⑤ 900より 100 大きい 数は いくつですか。(　　　　)

⑥ 1000は、100を 何こ あつめた 数ですか。(　　　　)

3 □に あてはまる 数を 書きましょう。 📖教上59ページ7　30点(1つ10)

① 570は、[　　] より 30 小さい 数です。

② 570は、[　　] と 70を あわせた 数です。

③ 570は、10を [　　] こ あつめた 数です。

教科書 📖 上58〜59ページ

● 3けたの　数
⑤　100より　大きい　数を　しらべよう
2　何十、何百の　計算

[10の　たばが　いくつかで　考えます。]

1 つぎの　計算を　しましょう。　📖教上60ページ⚠　　30点(1つ5)

① 80+50　　　② 40+90　　　③ 90+20

④ 60+70　　　⑤ 60+60　　　⑥ 50+80

2 つぎの　計算を　しましょう。　📖教上60ページ⚠　　24点(1つ4)

① 140−60　　② 110−80　　③ 120−40

④ 160−90　　⑤ 150−70　　⑥ 130−90

[100の　たばが　いくつかで　考えます。]

3 つぎの　計算を　しましょう。　📖教上61ページ⚠　　30点(1つ5)

① 200+400　　　　② 300+500

③ 800+100　　　　④ 600−300

⑤ 700−200　　　　⑥ 900−600

⚠ミスにちゅうい！

4 つぎの　計算を　しましょう。　📖教上61ページ⚠　　16点(1つ4)

① 800+70　　　　② 870−70　　　同じ　くらいどうしで
計算するんだよ。

③ 500+9　　　　④ 509−9

教科書 📖 上60〜61ページ

時間 15分　合かく 80点　/100　月　日

● 3けたの 数
⑤ 100より 大きい 数を しらべよう
3 数の 大小

[数の 大小を くらべるには、百のくらい→十のくらい→一のくらいの 数字の 大小で くらべます。]

❶ どちらの 数が 大きいですか。大きい ほうに ○を つけて、何の くらいで わかったかも 書きましょう。　📖教 上62ページ❶　30点(1だい10)

① **402** **398**　(百)のくらい
　(○)　( )

大きい くらいから くらべて、同じなら つぎの くらいを 考えるんだね。

② **589** **587**　( )のくらい
　( )　( )

③ **965** **956**　( )のくらい
　( )　( )

❷ □に あてはまる >、<を 書きましょう。　📖教 上62ページ⚠　20点(1つ5)

① 348 □ 350　　② 684 □ 689

③ 401 □ 398　　④ 708 □ 707

❸ □に あてはまる >、<、=を 書きましょう。　📖教 上63ページ⚠　20点(1つ5)

① 70+50 □ 130　　② 240−40 □ 200

③ 300 □ 390−80　　④ 180 □ 90+80

⚠ミスにちゅうい!
❹ □に 入る 数字を すべて 書きましょう。　📖教 上64ページ⚠　30点

541 > **5□8**　　( )

教科書 📖 上62〜64ページ

●3けたの 数
⑤ 100より 大きい 数を しらべよう

1 □に あてはまる 数を 書きましょう。　　24点(1つ8)

① 100を 6こ、1を 9こ あわせた 数は □ です。

② 10を 84こ あつめた 数は □ です。

③ 一のくらいが 5、十のくらいが 6、百のくらいが 3の

数は □ です。

2 □に あてはまる 数を 書きましょう。　　16点(1つ2)

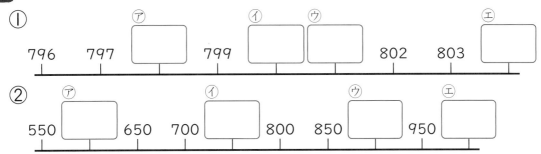

① ⑦ ⑦ ⑦ ⑦
796　797　□　799　□　□　802　803　□

② ⑦ ⑦ ⑦ ⑦
550　□　650　700　□　800　850　□　950　□

3 □に あてはまる >、<、=を 書きましょう。　　20点(1つ5)

① 299 □ 301　　　　② 529 □ 540

③ 680-80 □ 600　　④ 85 □ 150-70

4 つぎの 計算を しましょう。　　40点(1つ5)

① 70+40　　　　　② 50+80

③ 120-60　　　　④ 180-90

⑤ 600+300　　　 ⑥ 1000-400

⑦ 300+50　　　　⑧ 560-60

教科書 📖 上50〜65ページ

時間 15分　合かく 80点 ／100

月　日

サクッと
こたえ
あわせ

●水の　かさの　たんい
⑥ 水の　かさを　はかって　あらわそう……(1)

答え 84ページ

1 2つの　コップに　入って　いる　水の　かさを　1dLますで
はかります。　📖教上68ページ①

45点(1つ15)

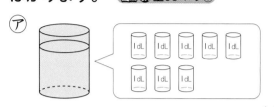
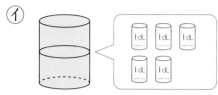

① それぞれの　コップには、何dLの　水が　入って　いますか。

⑦の　コップ（　　　　　）　　④の　コップ（　　　　　）

② ⑦の　コップには、④の　コップより　何dL　多く

入りますか。　　　　　　　　　　　　　　（　　　　　）

[1dLの　入れものの　10ぱい分が　1Lと　なります。]

2 つぎの　入れものに　入る　水の　かさを、（　）の　たんいで
書きましょう。　📖教上71ページ③　55点(1つ11)

①

（　　　　dL）

②

（　　　　dL）
（　　L　　dL）

③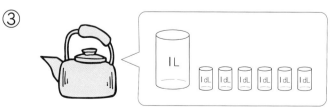

（　　　　dL）
（　　L　　dL）

教科書 📖 上66〜71ページ

●水の かさの たんい
⑥ 水の かさを はかって あらわそう……(2)

答え 84ページ

[1dL より 少ない かさを あらわす たんいに mL が あります。]

1 水の かさは、L、dL、mL の たんいで あらわします。

教上72ページ**4** 35点(1つ5)

① この たんいの かんけいを しらべます。□に あてはまる
数を 書きましょう。

あ 1L=□dL   ⊙ 1L=□mL

② □に あてはまる 数を 書きましょう。

あ 3L=□dL   ⊙ 5L=□mL

⑤ 15dL=□L□dL   ⓔ 2000mL=□L

2 つぎの 入れものに 入る 水の かさを はかりました。

教上72ページ**4** 45点(1つ15)

① 100mL 入る コップで、
何ばいの 水が はいりますか。
（　　　　　）

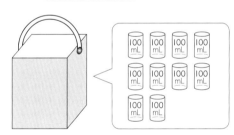

② この 入れものの かさは、何mL ですか。（　　　　　）

③ この 入れものの かさは、何L ですか。（　　　　　）

3 （　）に あてはまる数を 書きましょう。

教上72ページ**4** 20点

1L は、1mL を（　　　　）あつめた かさです。

教科書 上72ページ

●水の かさの たんい
⑥ 水の かさを はかって あらわそう……(3)

[水の かさも、長さと 同じように、たしたり、ひいたり できます。]

1 水が バケツに 3L、やかんに 2L 入って います。

📖教上73ページ**5**　30点(しき10・答え5)

2L

① 水は あわせて どれだけ ありますか。

しき ［3］L+［2］L=［5］L　　答え （　　　　）

② 2つの 入れものに 入る 水の かさの ちがいは
どれだけですか。

しき （　　　　　　　　　　）　　答え （　　　　）

2 2つの 水とうに 水が 1L5dLと、1L
入って います。　📖教上73ページ**5**　30点(しき10・答え5)

① 水は あわせて どれだけ
ありますか。

しき （　　　　　　　　　　）

1L5dL　1L

同じ たんいどうしを
計算すれば いいんだね。

答え （　　　　）

② 2つの 水とうに 入る 水の かさの ちがいは
どれだけですか。

しき （　　　　　　　　　　）　答え （　　　　）

3 計算を しましょう。　📖教上73ページ**5**　40点(1つ10)

① 2L5dL+3L　　② 4L2dL+6dL

③ 1L2dL−2dL　　④ 3L7dL−2L

教科書 📖 上73ページ

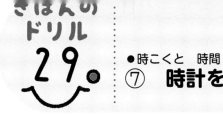

●時こくと　時間
⑦　**時計を　生活に　生かそう** ……(1)

[時間は、2つの　時こくの　間の　ことを　いいます。]

❶ まさとさんたちは、バスに　のって　サッカー場に　行きました。

教上76〜77ページ❶　40点(1つ10)

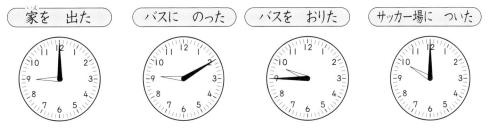

家を　出た　　バスに　のった　　バスを　おりた　　サッカー場に　ついた

① 家を　出てから、バスに　のるまでに　かかった　時間は
何分ですか。　9時 → 9時10分
　　　　　　　　　└─時間─┘　　　　　　　（ 10分 ）

② バスに　のって　いた　時間は　何分ですか。（　　　　）

⚠ミスにちゅうい！
[1時間 =60分です。]
③ 家を　出てから、サッカー場に　つくまでに　かかった
時間は　何時間ですか。また、それは　何分ですか。

（　　　　　　　）（　　　　　　　）

❷ 右の　時計を　見て　答えましょう。 教上77ページ⚠　30点(1つ15)
① 1時間後の　時こくを　いいましょう。

（　　　　　　　）

② 20分前の　時こくを　いいましょう。

（　　　　　　　）

❸ □に　あてはまる　数を　書きましょう。 教上77ページ⚠　30点(1つ10)

① 1時間40分＝□分　② 150分＝□時間□分

教科書 上76〜77ページ

きほんの ドリル 30.

●時こくと 時間

⑦ 時計を 生活に 生かそう ……(2)

時間 15分　合かく 80点　/100

月　日

サクッと こたえ あわせ

答え 85ページ

[1日の 時こくは、正午(ひるの 12時)の 前を 午前、後を 午後を つけて いいます。]

1 下の 時計は、朝 おきた 時こくと 夜 ねた 時こくを あらわして います。それぞれの 時こくを、午前、午後を つかって いいましょう。 📖教上78ページ❷　　　30点(1つ15)

① おきた 時こく　② ねた 時こく

① (午前6時25分)

② (　　　　　)

2 図を 見て 答えましょう。 📖教上78ページ❷　　　30点(1つ10)

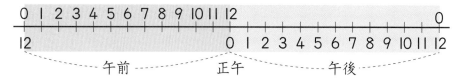

午前　正午　午後

① 午前は 何時間ですか。　　(　　　　　)

② 午後は 何時間ですか。　　(　　　　　)

③ 1日は 何時間ですか。　　(　　　　　)

⚠ミスにちゅうい!

3 つぎの 時間を もとめましょう。 📖教上79ページ⑤　　　40点(1つ20)

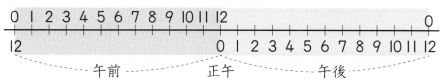

午前　正午　午後

① 午前 11時から、午後3時までの 時間　(　　　　　)

② 午前9時から、午後1時30分までの 時間 (　　　　　)

教科書 📖 上78〜79ページ

夏休みの
ホームテスト
31. たし算の ひっ算

時間 15分 | 合かく 80点 | /100

答え 85ページ

1 計算を しましょう。　　　　　　　　　　　20点(1つ5)

① 　42
　+35

② 　68
　+20

③ 　74
　+ 9

④ 　 8
　+52

2 つぎの 計算を ひっ算で しましょう。　　　　20点(1つ5)

① 24+66　② 38+40　③ 5+57　④ 19+4

3 あゆみさんは、きのうまでに 本を 26ページ 読みました。
今日は、28ページ 読みました。ぜんぶで 何ページ

読みましたか。　　　　　　　20点(しき10・ひっ算5・答え5)

しき　　　　　　　　　　　ひっ算　　答え

（　　　　　　　　　　）　　　　　　　　　（　　　　　　　　）

4 しおひがりに 行って、しんごさんは 貝を 38こ とりました。
お兄さんは しんごさんより 14こ 多く とりました。

① お兄さんは 何こ とりましたか。　40点(しき10、答え10)

しき（　　　　　　　　　　　　）

答え（　　　　　　　　）

⚠ミスにちゅうい!
② 2人 あわせると、何こに なりますか。

しき（　　　　　　　　　　　　）

答え（　　　　　　　　）

31

32. ひき算の ひっ算／長さの たんい

夏休みの ホームテスト 32.

ひき算の ひっ算／長さの たんい

時間 15分　合かく 80点　／100

サクッとこたえあわせ
答え 85ページ

月　日

1 計算を しましょう。　　　　20点(1つ5)

```
①    85      ②    46      ③    72      ④    55
    −23          −28          −68          − 9
```

2 つぎの 計算を ひっ算で しましょう。　　　　20点(1つ5)

① 68−42　② 70−52　③ 34−8　④ 91−9

3 □に あてはまる 数を 書きましょう。　　　　20点(1つ4)

① 7cm = □ mm　　　　② 50mm = □ cm

③ 6cm4mm = □ mm　　④ 84mm = □ cm □ mm

4 計算を しましょう。　　　　20点(1つ5)

① 3cm8mm+2cm　　　② 7cm6mm−5cm

③ 4mm+4cm3mm　　　④ 5cm8mm−5mm

5 公園で 子どもが 23人 あそんで います。6人 帰ると、のこりは 何人に なりますか。　　　　20点(しき10・ひっ算5・答え5)

しき（　　　　　　　　　）　　ひっ算 　　答え（　　　　　　　）

32

3けたの　数／水の　かさの　たんい／
時こくと　時間

時間 15分　合かく 80点　／100

答え 85ページ

1 つぎの　数を　数字で　書きましょう。　　　　10点(1つ5)

① 七百三 （　　　　　）　② 五百九十 （　　　　　）

2 つぎの　数を　数字で　書きましょう。　　　　30点(1つ10)

① 100 を　8こ、10 を　2こ、1 を　3こ

あわせた　数　　　　　　　　　　　（　　　　　）

② 10 を　67こ　あつめた　数　　　（　　　　　）

③ 999 より　1　大きい　数　　　　（　　　　　）

3 □に　あてはまる　数を　書きましょう。　　　20点(1つ4)

① 20 dL ＝ □ L　　② 8L ＝ □ mL

③ 25 dL ＝ □ L □ dL　④ 3000 mL ＝ □ L

4 計算を　しましょう。　　　　　　　　　　20点(1つ10)

① 3L 8dL ＋ 2L　　② 5L 5dL － 5dL

5 つぎの　時間や　時こくを　もとめましょう。　20点(1つ10)

① 午前 11 時から　午後4時 20 分までの　時間

（　　　　　）

② 午後1時 30 分の　3時間前の　時こく

（　　　　　）

●計算の　くふう
⑧ 計算の　しかたを　くふうしよう
1　たし算の　きまり

[（ ）の　中を　先に　計算すると、計算が　かんたんに　なります。]

❶ （ ）を　つかって、たす　じゅんじょを　かえて　計算しましょう。

📖教上81〜82ページ❶　40点(1つ10)

①　7+14+6　　　　②　15+27+3
　　　（ ）を　使う

③　24+8+12　　　　④　9+35+5

❷ 計算を　しましょう。 📖教上83ページ❷　40点(1つ10)

①　8+(4+6)=8+10　　②　(7+3)+9

③　(2+38)+17

④　19+(25+5)

（ ）の　中を　先に　計算しよう。

よくよんで！

❸ 池に　あひるが　16羽　います。そこへ　7羽　来ました。
また、3羽　来ました。あひるは　ぜんぶで　何羽に
なりましたか。 📖教上81〜82ページ❶　10点(しき5・答え5)

しき（　　　　　　　　　）

答え（　　　　　　）

❹ （ ）に　あてはまる　ことばを　書きましょう。 📖教上82ページ　10点

> たし算では、たす　じゅんじょを　かえても、
> 答えは（　　　　　）に　なります。

教科書 📖 上81〜83ページ

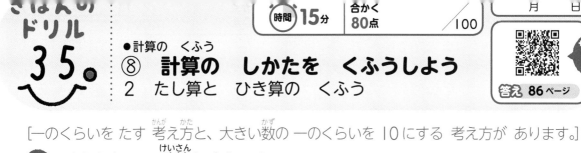

⑧ 計算の しかたを くふうしよう
2 たし算と ひき算の くふう

時間 15分　合かく 80点　/100

答え 86ページ

[一のくらいを たす 考え方と、大きい数の 一のくらいを 10にする 考え方が あります。]

❶ くふうして 計算しましょう。 📖教 上84ページ❶　　40点(1つ10)

① 27+5

$$7+5=12$$
$$20\overset{\frown}{\ \ }7 \quad 20+12=$$

② 56+9

①の 計算では、
$$27\overset{\frown}{+}5 と 27\overset{\frown}{+}5$$
$$\overset{}{20}\ 7 \qquad\quad 3\ 2$$
が 考えられます。

③ 6+48

④ 5+36

❷ まさとさんは、カードを 37まい もって いました。きのう 8まい 買いました。ぜんぶで 何まいに なりましたか。

　くふうして 計算しましょう。 📖教 上84ページ⚠　10点(しき5・答え5)

しき （　　　　　　　　　）　　答え （　　　　　　　　　）

[一のくらいを 先に 計算する 考え方と、ひかれる数を 何十に する 考え方が あります。]

❸ くふうして 計算しましょう。 📖教 上84ページ❷　　40点(1つ10)

① 63−8

$$13−8=5$$
$$50\overset{\frown}{\ \ }13 \quad 50+5=$$

② 75−9

①の 計算では、
$$63\overset{\frown}{−}8 と 63\overset{\frown}{−}8$$
$$\overset{}{50}\ 13 \qquad\quad 3\ 5$$
が 考えられます。

③ 50−8

④ 43−7

❹ まゆみさんは、色紙を 34まい もって います。妹に 6まい あげると、何まい のこりますか。

　くふうして 計算しましょう。 📖教 上84ページ⚠　10点(しき5・答え5)

しき （　　　　　　　　　）　　答え （　　　　　　　　　）

教科書 📖 上84ページ

35

時間 15分　合かく 80点　/100

サクッと こたえ あわせ

答え 86ページ

● たし算と ひき算の ひっ算

⑨ **ひっ算の しかたを 考えよう**

1 たし算の ひっ算

[一のくらいから じゅんに 計算して、十のくらいで くり上がりの ある たし算です。]

❶ 74＋65の ひっ算の しかたを 考えます。□に あてはまる 数を 書きましょう。　📖教 上87〜88ページ❶　　45点(1つ5)

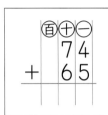

くらいを たてに そろえて 書こう。

① 一のくらいの 計算は、

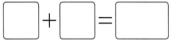
$4 + 5 = \boxed{}$ と なります。

② 十のくらいの 計算は、

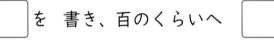
$\boxed{} + \boxed{} = \boxed{}$ と なり 十のくらいに

$\boxed{}$ を 書き、百のくらいへ $\boxed{}$ くり上げます。

③ 答えは、$\boxed{}$ に なります。

❷ 計算を しましょう。　📖教 上88ページ⚠、⚠、89ページ⚠、④　25点(1つ5)

①　　64
　　＋82

②　　95
　　＋33

③　　71
　　＋86

④　　56
　　＋48

⑤　　98
　　＋　8

④、⑤は、十のくらいは 0に なるよ。

❸ ひっ算で しましょう。　📖教 上88ページ⚠、⚠、89ページ⚠、④　30点(1つ10)

① 87＋52

② 28＋79

③ 97＋5

教科書 📖 上86〜89ページ

●たし算と　ひき算の　ひっ算
⑨　**ひっ算の　しかたを　考えよう**
2　れんしゅう

❶　計算を　しましょう。　📖教上90ページ⚠　　　64点(1つ8)

① 85＋32　　　　② 47＋96

③ 59＋78　　　　④ 63＋58

⑤ 44＋86　　　　⑥ 35＋67

⑦ 92＋9　　　　⑧ 4＋96

❷　ともきさんは　45円の　ノートを　1さつと　37円の
えんぴつを　1本　買います。

📖教上90ページ⚠　36点(①16・②20(しき10・答え10))

①　(　)に　あてはまる　ことばを　かきましょう。

　　　100円で　買う　ことが　(　　　　　)

②　だい金は　何円に　なりますか。計算しましょう。
しき　(　　　　　　　　　)

答え　(　　　　)

教科書 📖 上90ページ

●たし算と　ひき算の　ひっ算
⑨　ひっ算の　しかたを　考えよう
3　ひき算の　ひっ算　……(1)

答え 87ページ

[十のくらいの　ひき算に　ちゅうい　します。]

❶ 137−42の　ひっ算の　しかたを　考えます。□に　あてはまる
数を　書きましょう。　📖教 上91〜92ページ❶　　60点(1つ5)

```
 百 十 一
   1 3 7
 −   4 2
```

① 一のくらいの　計算は、

7 − 2 = □　と　なります。

② 十のくらいの　計算は、百のくらいから　1
くり下げて、□−□=□　と　なります。

くらいを　たてに　そろえて　書こう。

③ 答えは、□　と　なります。

④ ひき算の　答えを　たし算で
たしかめましょう。

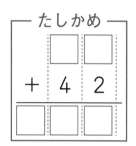

たしかめ
```
 □ □
+ 4 2
 □ □
```

❷ 計算を　しましょう。　📖教 上92ページ⚠、⚠　25点(1つ5)

①
```
  1 3 7
−   6 1
```

②
```
  1 5 8
−   7 5
```

③
```
  1 2 9
−   5 6
```

④
```
  1 0 8
−   7 3
```

⑤
```
  1 4 2
−   9 0
```

百のくらいから　1　くり下げよう。

⚠ミスにちゅうい!
❸ ひっ算で　しましょう。　📖教 上92ページ⚠、⚠　15点(1つ5)

① 116−23

② 165−94

③ 107−47

教科書 📖 上91〜92ページ

きほんのドリル 39。

● たし算と　ひき算の　ひっ算

⑨ **ひっ算の　しかたを　考えよう**

3　ひき算の　ひっ算　　　……(2)

(時間)15分　合かく80点　/100

答え 87ページ

[一のくらいも、十のくらいも　くり下がりに　ちゅうい　します。]

❶ 148−69の　ひっ算の　しかたを　考えます。□に　あてはまる
数を　書きましょう。　教上93ページ❷　　　35点(1つ5)

① 一のくらいの　計算は、十のくらいから　1

くり下げて、　|18|−|9|=□　と　なります。

② 十のくらいの　計算を　します。

1　くり下げたので　3。

百のくらいから　1　くり下げて、

□−□=□

③ 答えは、□　に　なります。

❷ 計算を　しましょう。　教上93ページ⚠　　50点(1つ10)

①　152
 − 86

②　116
 − 47

③　143
 − 59

④　175
 − 77

⑤　130
 − 34

くり下げた　あとの
数に　気を　つけよう。

❸ ひっ算で　しましょう。　教上93ページ❸、95ページ⚠　15点(1つ5)

① 105−48　　② 107−39　　③ 101−6

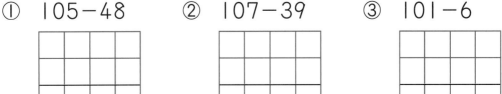

教科書 上93〜95ページ

39

時間 15分　合かく 80点　／100

サクッと こたえ あわせ
答え 87ページ

●たし算と ひき算の ひっ算
⑨ ひっ算の しかたを 考えよう
4 大きい 数の ひっ算

[3けたの 数が ある ひっ算も、一のくらいから じゅんに 計算します。]

1 計算を しましょう。 📖教上96ページ**1**　21点(1つ7)

① 　364
　＋　25
　　389

② 　537
　＋　62

③ 　579
　－　74

2 ひっ算で しましょう。 📖教上97ページ**2**　21点(1つ7)

① 39＋235

② 416＋4

③ 475－58

3 ひっ算で しましょう。 📖教上97ページ⚠️、⚠️2　42点(1つ7)

① 428＋33

② 103＋27

③ 274＋7

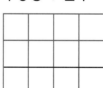
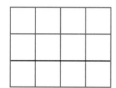

④ 686－69

⑤ 435－27

⑥ 317－8

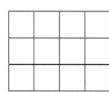
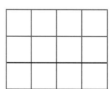

4 赤い 色紙が 213まい、青い 色紙が 85まい あります。あわせると 何まいに なりますか。 📖教上96ページ**1**　16点(しき8・答え8)

しき (　　　　　　　　　　) 　　答え (　　　　　　)

教科書 📖 上96〜97ページ

答え **87** ページ
サクッと
こたえ
あわせ

●たし算と ひき算の ひっ算
⑨ ひっ算の しかたを 考えよう

1 計算を しましょう。　　　　　　　　　　30点(1つ5)

⚠️ミスにちゅうい!　　　　⚠️ミスにちゅうい!

```
①    75       ②   164       ③    96
    +83          +  29          +  8
```

⚠️ミスにちゅうい!

```
④   169       ⑤   105       ⑥   316
   -  76          -  62          -   8
```

2 ひっ算で しましょう。　　　　　　　　　60点(1つ10)

⚠️ミスにちゅうい!

① 68+71　　　② 27+148　　　③ 8+94

④ 138-62　　⑤ 143-75　　⑥ 743-36

3 ゆうきさんは、160円 もって います。75円の ノートを
買うと、のこりは いくらですか。　　　10点(しき5・答え5)

しき （　　　　　　　　　　　）

答え （　　　　　　　）

●長方形と　正方形
⑩ **さんかくや　しかくの　形を　しらべよう**
| 三角形と　四角形　　　　　　……(|)

時間 15分　　合かく 80点 ／100

答え **87**ページ

サクッと
こたえ
あわせ

[3本の　直線や、4本の　直線で　かこまれた　形を　見つけます。]

❶ 下の　形を　直線の　数で　2つの　なかまに　分けて、㋐〜㋗の
きごうで　答えましょう。📖教上101〜102ページ❶　　60点(1つ30)

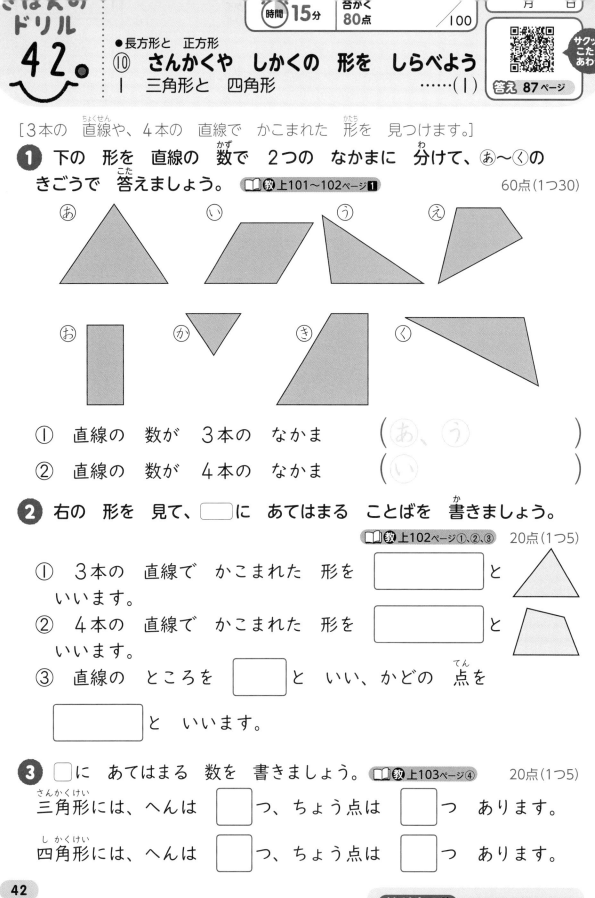

① 直線の　数が　3本の　なかま　（㋐、㋒　　　　）

② 直線の　数が　4本の　なかま　（㋑　　　　　　）

❷ 右の　形を　見て、□に　あてはまる　ことばを　書きましょう。

📖教上102ページ①、②、③　20点(1つ5)

① 3本の　直線で　かこまれた　形を　□□□□　と
いいます。

② 4本の　直線で　かこまれた　形を　□□□□　と
いいます。

③ 直線の　ところを　□□　と　いい、かどの　点を
□□□□　と　いいます。

❸ □に　あてはまる　数を　書きましょう。📖教上103ページ④　20点(1つ5)

三角形には、へんは　□つ、ちょう点は　□つ　あります。

四角形には、へんは　□つ、ちょう点は　□つ　あります。

教科書 📖 上100〜103ページ

きほんの
ドリル
43。

時間 15分 | 合かく 80点 | /100 | 月 日

●長方形と 正方形
⑩ さんかくや しかくの 形を しらべよう
1 三角形と 四角形 ……(2)

答え 88ページ

サクッと
こたえ
あわせ

[3本や 4本の 直線で かこまれて いる 形です。]

1 下の 図を 見て、あ～きの きごうで 答えましょう。

教 上103ページ⚠ 40点(1つ20)

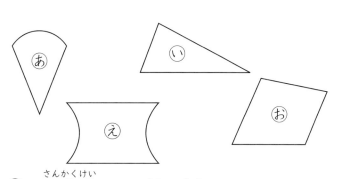
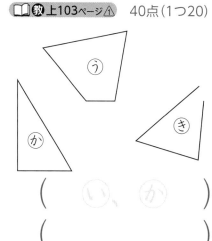

① 三角形は どれですか。　　　　　（　い、か　）

② 四角形は どれですか。　　　　　（　　　　　）

2 ・と ・を 直線で つないで、三角形と 四角形を かきましょう。

教 上103ページ⚠、⚠ 40点(1つ20)

① 三角形 ・ ・ ・ ・ ・　② 四角形 ・ ・ ・ ・ ・

・ ・ ・ ・ ・　　　　　　・ ・ ・ ・ ・

・ ・ ・ ・ ・　　　　　　・ ・ ・ ・ ・

・ ・ ・ ・ ・　　　　　　・ ・ ・ ・ ・

・ ・ ・ ・ ・　　　　　　・ ・ ・ ・ ・

3 四角形の 紙を 右の 図の
ように 切ると、どんな 形が
できますか。　　教 上103ページ⚠ 20点

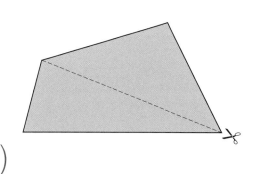

（　　　　　　　）と

（　　　　　　　　　）

きほんの
ドリル
44。

時間 15分 | 合かく 80点 | /100

月 日

サクッと
こたえ
あわせ

●長方形と　正方形
⑩　**さんかくや　しかくの　形を　しらべよう**
2　長方形と　正方形 ……(1)
答え **88ページ**

[三角じょうぎには、直角が　1つ　あります。]

❶ 直角は、どれと　どれですか。きごうで　答えましょう。

📖教上104〜105ページ❶

20点(1つ10)

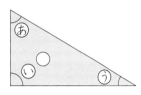 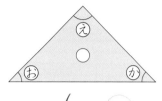

（ い ）（　　　　）

❷ 直角は　どれですか、○を　つけましょう。 📖教上105ページ⚠ 30点(1つ10)

① ② ③

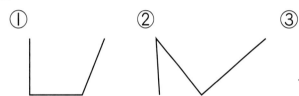

❸ 長方形は　どれですか。きごうで　答えましょう。

📖教上106ページ⚠　20点

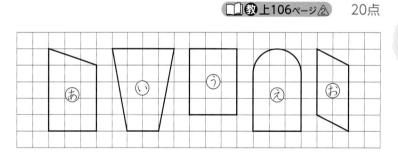

4つの　かどが
みんな　直角に　なって
いる　四角形だよ。

（　　　　　）

❹ 右の　図で、
長方形を　かんせい
させましょう。

📖教上106ページ⚠

30点(1つ15)

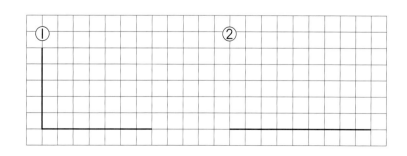

教科書 📖 上104〜106ページ

●長方形と　正方形
⑩　**さんかくや　しかくの　形を　しらべよう**
2　長方形と　正方形　……(2)

サクッと
こたえ
あわせ

答え 88ページ

[4つの　かどが　みんな　直角で、4つの　へんが　みんな　同じ　長さの]
[四角形が　正方形です。]

1 正方形は　どれと　どれですか。きごうで　答えましょう。

教上107ページ❸、④　　20点(1つ10)

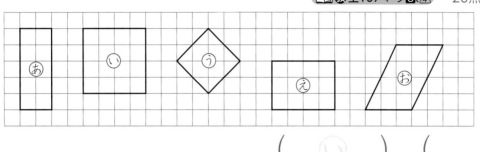

(い) (　)

2 右の　図で、
正方形を　かんせい
させましょう。

教上107ページ④

40点(1つ20)

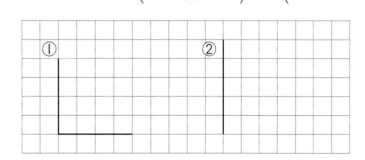

3 つぎの　形を　方がん紙に　かきましょう。　教上109ページ❺　40点(1つ20)

①　1つの　へんの　長さが　3cmの　正方形
②　たて　3cm、よこ　6cmの　長方形

1cm

1cm　①　　　　②

●長方形と　正方形
⑩　さんかくや　しかくの　形を　しらべよう
２　長方形と　正方形　……(3)

答え 88ページ

サクッと
こたえ
あわせ

[直角の　かどが　ある　三角形を　直角三角形と　いいます。]

❶　直角三角形は、どれと　どれですか。きごうで　答えましょう。

📖教上108ページ❹　30点(1つ15)

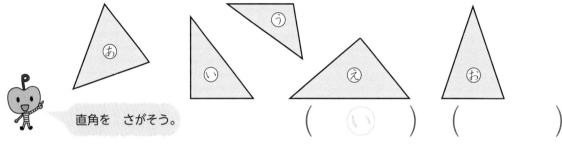

直角を　さがそう。

（　い　）（　　　　）

❷　下の　図で、直角三角形を　かんせい　させましょう。

📖教上109ページ❺　30点(1つ15)

よくよんで！
❸　長方形や　正方形の　紙を　つぎのように　切りました。

📖教上108ページ⑥　40点(1つ20)

①　⑦の　図のように　２つに
切った　とき、直角三角形が
できるのは　どれですか。

（　　　　　　　　）

長方形　　　正方形

⑦

②　⑦の　図のように　４つに
切った　とき、直角三角形が
できるのは　どれですか。

⑦

（　　　　　　　　）

●長方形と　正方形
⑩ さんかくや　しかくの　形を　しらべよう

1 □に　あてはまる　数や　ことばを　書きましょう。　　20点(1つ5)

① 三角形や　四角形で、直線の　ところを　［　　　　　］と

　いい、かどの　点を　［　　　　　　　　］と　いいます。

② □つの　かどが　みんな　直角で、□つの　へんの

　長さが　みんな　同じに　なって　いる　四角形を　正方形と

　いいます。

2 つぎの　図から、長方形、正方形、直角三角形を　見つけて
きごうで　答えましょう。　　60点(1つ20)

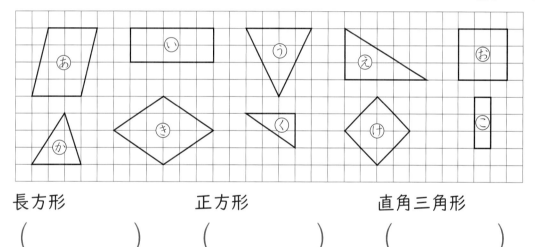

長方形　　　　　　　　正方形　　　　　　　直角三角形

（　　　　　）　　（　　　　　）　（　　　　　　）

3 下の　図で、①直角三角形、②正方形を　かんせい　させましょう。

20点(1つ10)

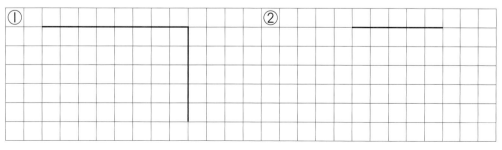

教科書 📖 上100〜112ページ

きほんのドリル
48。

●かけ算（1）

時間 **15**分　合かく **80点** ／100

サクッとこたえあわせ
答え **89**ページ

⑪ **新しい　計算を　考えよう**
1　かけ算　……（1）

[同じ　数の　まとまりが　いくつ　あるかで　考えます。]

1 みかんは、ぜんぶで　何こ　ありますか。　📖教下5〜8ページ**1**

60点（1つ10）

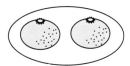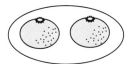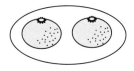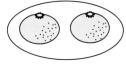

① □に　あてはまる　数を　書きましょう。

1さらに　2こずつ　4さら分で　□こ　あります。

② □に　数を　書いて、かけ算の　しきに　あらわしましょう。

□×□=□

2 かけ算の　しきに　書きましょう。　📖教下8ページ⚠　20点（1つ5）

① 　　□×□

② 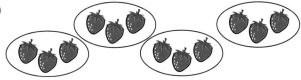　　□×□

3 5×2の　ならべ方に　なるのは　どちらですか。きごうで
答えましょう。　📖教下9ページ⚠　20点

㋐ 　　㋑

 1つ分、いくつ分の
数に　気をつけよう。

（　　）

教科書 📖 下2〜9ページ

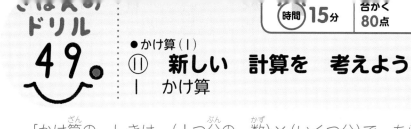

サクッと
こたえ
あわせ

答え **89**ページ

● かけ算（1）

⑪ 新しい 計算を 考えよう
I かけ算
……（2）

[かけ算の しきは、（1つ分の 数）×（いくつ分）で あらわします。]

❶ 1はこに ケーキが 6こずつ
入って います。
　3はこでは ケーキは 何こに
なりますか。　📖**教下10ページ❷**
40点（1つ5、答えは1つ10）

① かけ算の しきに 書きましょう。　6×3
② たし算で 答えを もとめましょう。

$$\boxed{} + \boxed{} + \boxed{} = \boxed{}$$
　　　　答え（　　　　　）

❷ ボールは 何こ ありますか。かけ算の しきに 書いて、たし算で
答えを もとめましょう。　📖**教下10ページ④**　30点（1つ5、答えは1つ10）

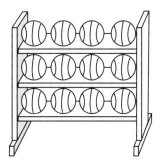

㋐かけ算の しき

$$\boxed{} \times \boxed{}$$

㋑たし算の しき

$$\boxed{} = \boxed{}$$

　　　　　　答え（　　　　　）

❸ 2cmの テープの 3つ分の 長さは、2cmの 何ばいと
いえば よいですか。　📖**教下11ページ❸**　30点（1つ10）

2cm　2cm　2cm

　　　　　　　　（　　　　　）

それは 何cm ですか。

しき（　　　　　　　　）　　　答え（　　　　　）

教科書 📖 下10～12ページ

サクッと
こたえ
あわせ

● かけ算（1）
⑪　**新しい　計算を　考えよう**
2　5のだん、2のだんの　九九　……（1）　答え 89ページ

［5のだんは、5この　あつまりが　1つ分、2つ分、…9つ分を　あらわして　います。］

❶　1ふくろに　みかんが　5こずつ　入って　います。　📖教下13〜14ページ❶

30点（①10、②しき10・答え10）

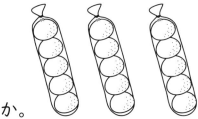

①　みかんは、5この　何ふくろ分
　　ありますか。

　　　　　　　　　3 ふくろ分

②　みかんは、ぜんぶで　何こ　ありますか。
　　かけ算の　しきで　計算しましょう。

しき 〔　〕×〔　〕=〔　　〕　　　答え（　　　　　　）

❷　計算を　しましょう。　📖教下14ページ❷　　　50点（1つ10）

①　5×2　　　　②　5×8　　　　③　5×5

④　5×9　　　　⑤　5×4

5のだんは、5ずつ
ふえて　いるよ。

❸　クッキーが　5まいずつ　のって　いる　さらが、7さら
　　あります。クッキーは、ぜんぶで　何まい　ありますか。
　　　　　📖教下14ページ⚠　20点（しき10・答え10）

しき（　　　　　　　　　　　　　　　）

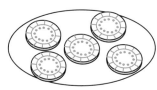

答え（　　　　　　　）

教科書 📖 下13〜14ページ

きほんの
ドリル
51。

●かけ算(1)

⑪ **新しい 計算を 考えよう**
2 5のだん、2のだんの 九九 ……(2)

時間 **15**分　合かく **80**点　/100

月　日

サクッと
こたえ
あわせ

答え **89**ページ

[2のだんは、2この あつまりが、1つ分、2つ分、…9つ分を あらわして います。]

❶ プリンが 2こずつ 入った パックが あります。　📖教下15ページ❸

30点(①10、②20(しき10・答え10))

①　プリンは、2この 何パック分 ありますか。

6 パック分

②　プリンは、ぜんぶで 何こ ありますか。
　　かけ算の しきで 計算しましょう。

しき □×□=□　　　答え (　　　　　)

❷ 計算を しましょう。　📖教下16ページ❹　　50点(1つ10)

①　2×3　　　②　2×9　　　③　2×4

④　2×5　　　⑤　2×8

❸ 2人ずつ すわれる いすが、7こ あります。ぜんぶで 何人
すわれますか。　📖教下16ページ⚠、❹　　20点(しき10・答え10)

しき (　　　　　　　　　　)

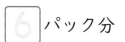

答え (　　　　　)

教科書 📖 下15〜16ページ

51

時間 15分 | 合かく 80点 | /100 | 月 日

●かけ算（1）
⑪ **新しい 計算を 考えよう**
3　3のだん、4のだんの　九九　　……（1）

サクッと
こたえ
あわせ

答え **90ページ**

［1つ分の　まとまりが　かけられる数で、いくつ分が　かける数と　なります。］

❶　3人のりの　ボートが、5そう　あります。 📖教下17ページ❶

30点（①10（しき5・答え5）・②10・③10）

① 　ぜんぶで　何人　のれますか。

しき（ 　3×5＝15　 ）　答え（　　　　　）

② 　かけられる数は　いくつですか。　　　　（　　　　　）

③ 　かける数は　いくつですか。　　　　　　（　　　　　）

❷　計算を　しましょう。 📖教下18ページ❷　　　30点（1つ5）

① 　3×7　　　② 　3×4　　　③ 　3×6

④ 　3×2　　　⑤ 　3×8　　　⑥ 　3×9

〳よくよんで！〵
❸　えんぴつを　1人に　3本ずつ　くばります。 📖教下18ページ⚠、⚠

40点（①20（しき10・答え10）・②20）

① 　8人に　くばるには　何本　いりますか。

しき（ 　　　　　　　 ）　答え（　　　　　）

② 　1人　ふえて、9人に　くばる　ことに　なりました。
　　えんぴつは、あと　何本　いりますか。

かける数が　1ふえると
答えは　いくつ　ふえるかな。

（　　　　　）

教科書 📖 下17～18ページ

●かけ算(1)
⑪ **新しい 計算を 考えよう**
3 3のだん、4のだんの 九九 ……(2)

時間 **15**分　合かく **80**点　／100

答え **90**ページ

[4のだんの 九九では、かける数が 1 ふえると、答えは 4ずつ ふえます。]

① ジュースが 1はこに **4本ずつ** 入って います。　下19ページ❸

40点(①20(しき10・答え10)・②20)

① ジュースは ぜんぶで 何本 ありますか。

しき （ $4 \times 7 = 28$ ）　答え （　　　　）

② ①の しきで、かける数が 1 ふえると、答えは いくつ ふえますか。

（　　　　）

② 計算を しましょう。　下20ページ❹　　30点(1つ5)

① 4×6　　② 4×5　　③ 4×2

④ 4×9　　⑤ 4×7　　⑥ 4×4

③ 1さらに かきが 4こずつ のって います。6さら分では、かきは 何こに なりますか。　下20ページ❸　20点(しき10・答え10)

しき （　　　　　　）　答え （　　　　）

④ 4×2 と 答えが 同じに なる、2のだんの 九九を 書きましょう。　下20ページ④　10点

（　　　　）

教科書 下19〜20ページ

● かけ算（I）
⑪ **新しい　計算を　考えよう**

1 かけ算の　しきに　書いて、答えを　もとめましょう。　40点（1つ10）

①  の　7つ分の　数

しき（　　　　　　　　）　答え（　　　　　）

② 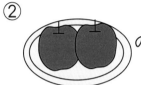 の　8つ分の　数

しき（　　　　　　　　）　答え（　　　　　）

2 九九の　ひょうが　あります。　60点（①40（1だん10）・②10・③10）

		かける数								
		1	2	3	4	5	6	7	8	9
2のだん	2									
3のだん	3									
4のだん	4									
5のだん	5									

（左の見出し：かけられる数）

① 上の　九九の　ひょうに　2のだんから　5のだんまでの
九九の　答えを　書きましょう。

② 4のだんの　九九の　答えは、いくつずつ　ふえて
いますか。

（　　　　　　　　　）

③ 3のだんの　九九で、かける数が　1　ふえると、答えは
いくつ　ふえますか。

（　　　　　　　　　）

教科書　下2～22ページ

●かけ算（2）
⑫ 九九を つくろう
1 6のだん、7のだんの 九九 ……（1）

（時間）15分 ｜合かく 80点 ／100

サクッと こたえ あわせ
答え 90ページ

［6のだんは、かける数が 1 ふえると、答えは 6 ふえます。］

1 たまごが 1パックに 6こずつ 入って います。 📖教下28ページ⚠

40点（①20（しき10・答え10）・②20）

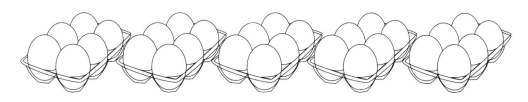

① たまごは、ぜんぶで 何こ ありますか。

しき （ 6×5＝30 ）

答え （　　　　　）

1つ分の 数は いくつかな。

② もう 1パック ふえると、たまごは 何こ ふえますか。

（　　　　　　　）

2 計算を しましょう。 📖教下28ページ❷ 30点（1つ5）

① 6×3 ② 6×6 ③ 6×7

④ 6×9 ⑤ 6×5 ⑥ 6×8

3 6×2について 答えましょう。 📖教下28ページ❷ 30点（1つ15）

① 6×2と 答えが 同じに なる 2のだんの 九九を 書きましょう。 （　　　　　）

② 6×2と 答えが 同じに なる 3のだんの 九九を 書きましょう。 （　　　　　）

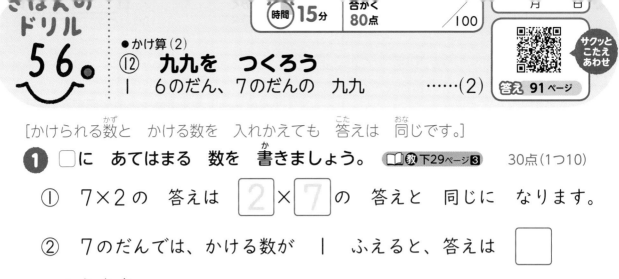

きほんの
ドリル
56。

●かけ算（2）
⑫ **九九を つくろう**
１ ６のだん、７のだんの 九九 ……(2)

時間 15分　合かく 80点　／100

答え 91ページ

サクッと
こたえ
あわせ

［かけられる数と　かける数を　入れかえても　答えは　同じです。］

❶ □に　あてはまる　数を　書きましょう。　教 下29ページ❸　30点（1つ10）

① ７×２の　答えは ２ × ７ の　答えと　同じに　なります。

② ７のだんでは、かける数が　１　ふえると、答えは □　ふえます。

❷ 計算を　しましょう。　教 下30ページ❹　30点（1つ5）

① ７×５　　　② ７×４　　　③ ７×７

④ ７×２　　　⑤ ７×９　　　⑥ ７×６

❸ シールを、７まいずつ　８人に　くばります。シールは、ぜんぶで　何まい　いりますか。　教 下30ページ❺　20点（しき10・答え10）

しき（　　　　　　　　　　　　　）

答え（　　　　　　）

❹ □に　数を　書いて、７×３に　なる　もんだいを　つくりましょう。

教 下30ページ❺　20点（1つ10）

えんぴつを　１人に ⑦□本ずつ　くばります。

⑦□人に　くばるには、えんぴつは　何本　いりますか。

教科書 下29〜30ページ

きほんの
ドリル
57.
時間 15分　合かく 80点　／100　月　日

●かけ算（2）
⑫ **九九を　つくろう**
2　8のだん、9のだん、1のだんの　九九……（1）

サクッと
こたえ
あわせ

答え **91ページ**

[8のだんは、かける数が　1　ふえると　答えは　8　ふえます。]

❶ チョコレートが、1はこに　8こずつ　入って　います。

📖教下31ページ❶　30点（①10（しき5・答え5）・②10（しき5・答え5）・③10）

① 6はこでは、チョコレートは　何こ　ですか。

しき（ 8×6＝48 ）

答え（　　　）

② 7はこでは、チョコレートは　何こ　ですか。

しき（　　　　　）　答え（　　　　　）

③ はこの　数が　1はこ　ふえると、チョコレートの　数は
何こ　ふえますか。　答え（　　　　　）

❷ 計算を　しましょう。📖教下32ページ❷　30点（1つ5）

① 8×4　　② 8×7　　③ 8×3

④ 8×6　　⑤ 8×9　　⑥ 8×8

❸ 8まい切りの　食パンを、9ふくろ　売って　います。📖教下32ページ⚠
40点（しき10・答え10）

① 食パンは　ぜんぶで　何まい　ありますか。

しき（　　　　　）　答え（　　　　　）

よくよんで！
② 1ふくろ　売れると、のこりの　食パンは　何まいに
なりますか。

しき（　　　　　）　答え（　　　　　）

きほんの
ドリル
58。

●かけ算（2）
⑫ 九九を つくろう
2 8のだん、9のだん、1のだんの 九九……（2）

時間 15分
合かく 80点
/100

月　日

サクッと
こたえ
あわせ

答え 91ページ

[9のだんは、かける数が 1 ふえると、答えは 9 ふえます。]

1 野きゅうは 1チーム 9人です。　📖教下33ページ❸

25点（①15（しき10・答え5）・②10）

① 6チームでは、何人に なりますか。

しき （ $9 \times 6 = 54$ ）

答え （　　　　　　）

② 1チーム ふえると、何人 ふえますか。

（　　　　　　）

2 計算を しましょう。　📖教下34ページ❹

30点（1つ5）

① 9×3　　　② 9×5　　　③ 9×6

④ 9×8　　　⑤ 9×4　　　⑥ 9×9

よくよんで！

3 子どもが 7人 います。色紙を 1人に 9まいずつ くばります。

📖教下34ページ△　25点（①15（しき10・答え5）・②10）

① 色紙は 何まい いりますか。

しき （　　　　　　　　　　　　）

答え （　　　　　　）

② 子どもが 1人 ふえると、色紙は あと 何まい
いりますか。　　　　　　　　　　　（　　　　　　）

[1のだんの 答えは、かける数と 同じです。]

4 みかんを 1人に 1こずつ くばります。6人分では、
みかんは 何こ いりますか。　📖教下35ページ❺　20点（しき10・答え10）

しき （　　　　　　　　　　　　）

答え （　　　　　　）

教科書 📖 下33～35ページ

● かけ算(2)
⑫ **九九を つくろう**
3 九九の ひょうと きまり

[ひょうから、かける数が 1 ふえると、かけられる数だけ ふえて いきます。]

1 九九の ひょうを 見て 答えましょう。 📖教下37〜38ページ❶ 40点(1つ20)

① 4×6の 答えは、4×5の 答えより いくつ ふえて いますか。

(4)

② 7×9と 答えが 同じに なる 九九を 書きましょう。

( )

	かける数								
	1	2	3	4	5	6	7	8	9
1	1	2	3	4	5	6	7	8	9
2	2	4	6	8	10	12	14	16	18
3	3	6	9	12	15	18	21	24	27
4	4	8	12	16	20	24	28	32	36
5	5	10	15	20	25	30	35	40	45
6	6	12	18	24	30	36	42	48	54
7	7	14	21	28	35	42	49	56	63
8	8	16	24	32	40	48	56	64	72
9	9	18	27	36	45	54	63	72	81

(かけられる数は左の縦列)

2 □に あてはまる 数を 書きましょう。 📖教下38ページ⚠ 30点(1つ15)

① $6×3=6×2+\boxed{}$

② $9×5=\boxed{}×9$

3 上の ひょうを 見て、答えが つぎの 数に なる 九九を ぜんぶ 書きましょう。 📖教下38ページ⚠ 30点(1つ10)

① 4 ( )

② 18 ( )

③ 72 ( )

教科書 📖 下37〜39ページ

●かけ算(2)

⑫ **九九を つくろう**
4 ばいと かけ算

[いくつ分の ことを 何ばいとも いいます。]

1 ㋑の テープの 長さは、㋐の テープの 長さの
何ばいですか。　教下40ページ1　25点

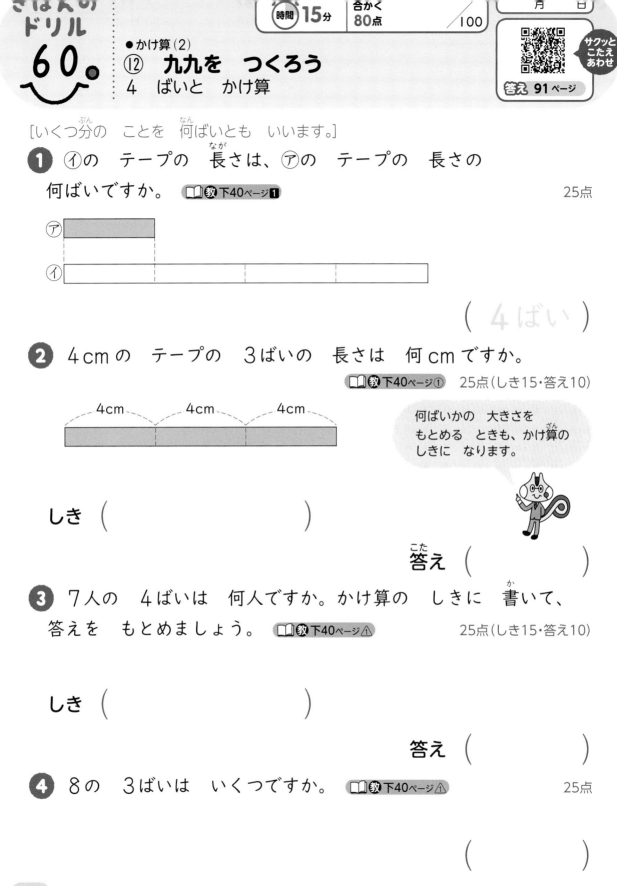

(4ばい)

2 4cmの テープの 3ばいの 長さは 何cmですか。
　教下40ページ①　25点(しき15・答え10)

何ばいかの 大きさを
もとめる ときも、かけ算の
しきに なります。

しき (　　　　　　　)

答え (　　　　　　)

3 7人の 4ばいは 何人ですか。かけ算の しきに 書いて、
答えを もとめましょう。　教下40ページ⚠　25点(しき15・答え10)

しき (　　　　　　　)

答え (　　　　　)

4 8の 3ばいは いくつですか。　教下40ページ⚠　25点

(　　　　　　)

教科書 下40ページ

●かけ算（2）
⑫ **九九を　つくろう**
5　もんだい

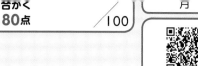

[かけ算の　しきが　できるように、●を　まとまりに　分けて　考えます。]

1 右の　●の　数が　いくつ　あるか
考えます。□に　あてはまる　数を
書きましょう。 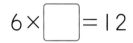教下41〜43ページ**1** 80点（1つ10）

① あのように　考えると、

$$6 \times \boxed{} = 12$$

$$3 \times \boxed{} = 6$$

$$12 + 6 = \boxed{}$$

② いのように　考えると、

$$6 \times \boxed{} = \boxed{}$$

③ うのように　考えると、

$$6 \times \boxed{} = 24 \quad 2 \times 3 = 6$$

$$24 - \boxed{} = \boxed{} \quad と　なります。$$

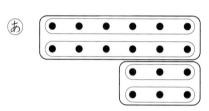

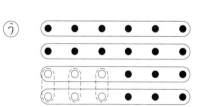

ほかにも　いろいろな
もとめ方を　くふうして
みましょう。

2 ●の　数を　九九を　つかって、くふうして　もとめましょう。

教下43ページ⚠ 20点（しき10・答え10）

しき（　　　　　　　　　　　　）

答え（　　　　　　）

教科書 下41〜43ページ

まとめの
ドリル
62。

時間 **15**分 　合かく **80**点 　／**100**

●かけ算（2）
⑫ 九九を　つくろう

サクッと
こたえ
あわせ
答え **92** ページ

1 計算を　しましょう。　　　　　　　　　　　　　　36点(1つ4)

　① 2×9　　　　② 7×5　　　　③ 9×1

　④ 8×4　　　　⑤ 3×7　　　　⑥ 6×6

　⑦ 9×8　　　　⑧ 4×9　　　　⑨ 5×8

2 高さが　4cm の　つみ木を　7こ　つみます。高さは
何 cm に　なりますか。　　　　　　　　16点(しき8・答え8)

　しき （　　　　　　　　　）

　　　　　　　　　　　　　　答え （　　　　　　）

3 青い　テープの　長さは　7cm です。白い　テープの　長さは
青い　テープの　長さの　6ばいです。白い　テープの　長さは
何 cm ですか。　　　　　　　　　　　16点(しき8・答え8)

　しき （　　　　　　　　　）

　　　　　　　　　　　　　　答え （　　　　　　）

4 答えが　つぎの　数に　なる　九九を、ぜんぶ　書きましょう。

　　　　　　　　　　　　　　　　　　32点(1つ16)

　① 16 （　　　　　　　　　　　　　　　）

　② 24 （　　　　　　　　　　　　　　　）

教科書 下27〜48ページ

計算の　くふう／たし算と　ひき算の
ひっ算／長方形と　正方形

❶ くふうして　計算しましょう。 　　　　　　　　　20点(1つ5)

① 7+18+2

② 19+34+6

③ 27+6

④ 64−9

❷ 計算を　しましょう。 　　　　　　　　　30点(1つ5)

① 　76
　+45

② 　　7
　+96

③ 　258
　+ 27

④ 　126
　− 43

⑤ 　104
　− 37

⑥ 　483
　− 79

⚠️ミスにちゅうい!

❸ ようこさんは、なわとびで　103回　とびました。妹は、
ようこさんより　18回　少なく　とびました。妹は、何回
とびましたか。　　　　　　　　　25点(しき15・答え10)

しき　(　　　　　　　　　　　　)

答え　(　　　　　　　　)

❹ つぎの　三角形や　四角形の　名前を　書きましょう。 25点(1つ5)

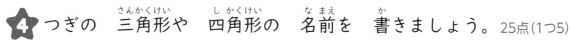

⑦…(　　　　　　　)　　⑦…(　　　　　　　)　　⑦…(　　　　　　　)

⑦…(　　　　　　　)　　⑦…(　　　　　　　)

かけ算（1）／かけ算（2）

時間 **15**分　　**80点** ／100

答え **92**ページ

1 計算を　しましょう。　　　　　　　　　　40点（1つ5）

① 5×4　　② 4×4　　③ 2×5　　④ 3×8

⑤ 6×5　　⑥ 9×3　　⑦ 7×6　　⑧ 8×7

2 □に　あてはまる　数を　書きましょう。　　30点（1つ5）

① 3のだんの　九九の　答えは □ ずつ　ふえます。

② 4のだんの　九九で、かける数が　1　ふえると、答えは
□ ふえます。

③ 7×3=□×7　　　④ □×2=2×8

⑤ 1×9=1×8+□　　⑥ 6×5=6×□+6

3 1本の　長さが　4cmの　リボンを　7本　つなげたら、
何cmに　なるでしょうか。　　　　15点（しき10・答え5）

| 4cm | 4cm | 4cm | 4cm | 4cm | 4cm | 4cm |

しき（　　　　　　　　　　　　　）

　　　　　　　　　　答え（　　　　　　　）

よくよんで!

4 わたるさんは、カードを　9まい　もって　います。
お兄さんは、わたるさんの　3ばいの　カードを　もって　います。
お兄さんは、カードを　何まい　もって　いますか。15点（しき10・答え5）

しき（　　　　　　　　　　　　　）

　　　　　　　　　　答え（　　　　　　　）

きほんの
ドリル
65.

時間 15分　合かく 80点　/100　　月　日

サクッと
こたえ
あわせ
答え 93ページ

● 4けたの 数

⑬ 1000より 大きい 数を しらべよう……(1)

[1000 が 3こで 3000を あらわします。]

❶ 3018の つぎの くらいの 数字を 書きましょう。　📖教下52ページ④

20点(1つ10)

① 千のくらい　　　　　　　② 百のくらい

（　　　　　）　　　　　　　（　　　　　）

❷ 数字で 書きましょう。　📖教下53ページ⚠　　　　40点(1つ10)

① 二千四百三十五　　　　② 五千八十六

（　　　　　）　　　　　　　（　　　　　）

③ 八千　　　　　　　　　　④ 四千八

（　　　　　）　　　　　　　（　　　　　）

[100 が 10こで 1000 と 考えます。 100 が 14こだから、1400となります。]

❸ いくつですか。数字で 書きましょう。　📖教下54ページ❸　　　20点

1000	100 100	10	
1000	100 100 100	10	
1000	100 100 100	10	1
1000	100 100 100	10 10	1
1000	100 100 100	10 10	1

（ 6473 ）

❹ □に あてはまる 数を 書きましょう。　📖教下55ページ⚠、⚠　20点(1つ5)

① 6297は、1000を □こ、100を □こ、10を

□こ、1を 7こ あわせた 数です。

② 千のくらいが 3、百のくらいが 1、十のくらいが 9、

一のくらいが 5の 数は、□です。

きほんの
ドリル
66。

時間 15分 | 合かく 80点 | /100

月　日

サクッと
こたえ
あわせ

答え 93ページ

● 4けたの 数
⑬ 1000より 大きい 数を しらべよう……(2)

[100が 70こで 7000と なります。]

1 □に あてはまる 数を 書きましょう。 教下56ページ4、⚠

25点(1つ5)

① 100を 75こ あつめた 数は 7500 です。

② 100を 40こ あつめた 数は □ です。

③ 8000は 100を □こ あつめた 数です。

④ 2900は 100を □こ あつめた 数です。

⑤ 700は 100を □こ あつめた 数です。

2 □に あてはまる 数を 書きましょう。 教下57ページ5 35点(1つ5)

①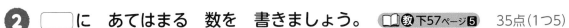
5500　5600　ア　5800　イ　ウ　エ

②
2910　2920　ア　2940　2950　2960　イ　2980　2990　ウ

3 計算を しましょう。 教下56ページ⚠ 40点(1つ10)

① 600+800

② 400+700

③ 700-200

④ 1000-600

100が 6+8こ、
100が 7-2こと
考えよう。

教科書 下56〜57ページ

きほんの
ドリル
67。

●4けたの 数
⑬ 1000より 大きい 数を しらべよう……(3)

時間 15分　合かく 80点　／100

月　日

サクッと
こたえ
あわせ

答え 93ページ

[一万の 数は、1000を 10こ あつめた 数です。]

1 つぎの （ ）には あてはまる ことばを、□には あてはまる 数を 書きましょう。　📖教下58ページ❻　20点(1つ10)

『千を 10こ あつめた 数を ㋐(一万)と いい、

㋑□ と 書きます。』

2 つぎの 数を 数字で 書きましょう。　📖教下58ページ❻　20点(1つ10)

① 9000より 1000 大きい 数　　（　　　　　　　）

② 100を 100こ あつめた 数　　（　　　　　　　）

3 □に あてはまる 数を 書きましょう。　📖教下59ページ⚠　30点(1つ10)

9990　　㋐□　　9995　　㋑□　　㋒□

4 □に あてはまる 数を 書きましょう。　📖教下60ページ❼　30点(1つ10)

① 6300は、□と 300を あわせた 数です。

② 6300は、□より 700 小さい 数です。

③ 6300は、100を □こ あつめた 数です。

時間 15分　合かく 80点　／100　月　日

●長い ものの 長さの たんい
⑭ 長い 長さを はかって あらわそう……(1)

サクッと
こたえ
あわせ
答え 93ページ

[100cm が 1mの 長さに なります。]

1 30cm の ものさし 4本を つないで、1m の ものさしと くらべます。　📖教下65〜66ページ❶　　80点(1つ20)

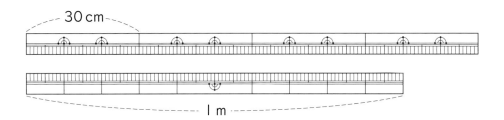

30cm

1m

① 30cm の ものさし 4本の 長さは、何cm ですか。

(120 cm)

② 30cm の ものさし 4本の 長さは、何m何cm ですか。

1mの ものさし 1つ分と、20cm だから…。

( )

③ 1m は、30cm が いくつ分と あと 何cm ですか。

(つ分) と あと ( )

2 花だんの よこの 長さを はかったら、1m の ものさしで、2つ分と あと 60cm ありました。花だんの よこの 長さは 何m何cm ですか。　📖教下67ページ❷　　20点

( )

教科書 📖 下64〜67ページ

きほんの
ドリル
69。

時間 15分　合かく 80点　/100

サクッと
こたえ
あわせ
答え 94ページ

●長い ものの 長さの たんい
⑭ 長い 長さを はかって あらわそう……(2)

[1 m = 100 cm です。]

1 □に あてはまる 数を 書きましょう。　📖教下67ページ△　25点(1つ5)

①　5 m = □ cm

②　3 m 40 cm = □ cm

③　175 cm = □ m □ cm

④　600 cm = □ m

2 花だんの よこの 長さを はかったら、2 m 30 cm の
ぼうと あと 50 cm でした。
　花だんの よこの 長さは、何 m 何 cm に なりますか。

📖教下67ページ❷△　30点(しき15・答え15)

しき （　　　　　　　　　　　　　　）

　　　　　　　　　　　　答え （　　　　　　　　）

3 けいじばんの たての 長さを はかったら、1 m より 30 cm
長い 長さでした。
　けいじばんの たての 長さは 何 cm ですか。

📖教下67ページ❷　20点

（　　　　　　　　）

よくよんで！
4 教室の たての 長さを はかったら、1 m の ものさしで
8つ分と あと 30 cm ありました。
　教室の たての 長さは 何 m 何 cm ですか。　📖教下67ページ❷　25点

（　　　　　　　　）

●たし算と　ひき算
⑮　図を　つかって　考えよう ……(1)

[文しょうもんだいを　とく　とき、図に　あらわすと　わかりやすいです。]

❶　赤い　おはじきと　青い　おはじきが　あります。ぜんぶで
40 こです。そのうち、赤い　おはじきは　27 こで、青い
おはじきは　13 こです。　📖教下72ページ　30点(1つ10)

　　　図の　（　）に、あてはまる　数を　書きましょう。

ぜんぶの おはじき（　　　）こ

赤（　　）こ　　　青（　　）こ

❷　はとが　19 羽　います。そこへ　何羽か　とんで　来たので、
ぜんぶで　31 羽に　なりました。何羽　とんで　来ましたか。
　　　📖教下73〜74ページ❶　30点(しき15・答え15)

しき　（　　　　　　　　　　　　　　）

答え　（　　　　　　　）

❸　色紙が　何まいか　あります。友だちに　17まい　あげたので　のこ
りが　26 まいに　なりました。　📖教下75ページ❷　40点(1つ10)

①　図の　（　）に　あてはまる　数を　書きましょう。

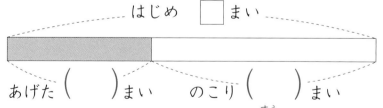

はじめ　□ まい

あげた（　　）まい　　のこり（　　）まい

②　はじめに　あった　色紙の　まい数を　もとめる　しきと
　答えを　書きましょう。

しき　（　　　　　　　　　　　　　　）

答え　（　　　　　　　）

教科書 📖 下72〜75ページ

●たし算と　ひき算
ドリル 71

⑮　図を　つかって　考えよう ……(2)

時間 15分　　合かく 80点　　/100

サクッと
こたえ
あわせ
答え 94ページ

[図に　あらわす　とき、もとめる　数を　□と　して　かきます。]

❶　シールが　何まいか　あります。23まい　買って　きたので、
ぜんぶで　43まいに　なりました。　📖教下76ページ❸　　60点(1つ15)

①　図の　( )に　あてはまる　数を　書きましょう。

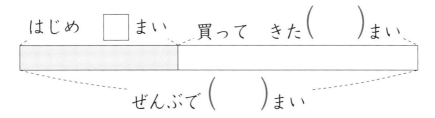

はじめ　□まい　　買って　きた( )まい

ぜんぶで ( )まい

②　はじめに　あった　シールの　まい数を　もとめる　しきと
答えを　書きましょう。

しき　(　　　　　　　　　　　　)

答え　(　　　　　　　)

❷　まことさんは、84円の　ノートを　買いました。まだ、29円
のこって　います。はじめに　何円　もって　いましたか。
　📖教下77ページ❹　20点(しき10・答え10)

しき　(　　　　　　　　　　　　)

答え　(　　　　　　　)

❸　□に　あてはまる　数を　書きましょう。　📖教下77ページ①　20点(1つ10)

①　　　　　　　　　　　　　②

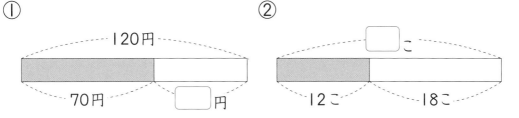

① ┄120円┄
70円 ┄ □円

② □こ
12こ ┄ 18こ

教科書 📖 下76〜77ページ

●分数

⑯ **分けた　大きさの　あらわし方を　しらべよう**

1　分数

[同じ　大きさに　分けた　1つ分を　考えます。]

❶ 色を　ぬった　ぶぶんが　もとの　大きさの　$\frac{1}{2}$　に　なって
いる　図は、どれですか。　📖教 下81〜82ページ❶　　45点(1つ15)

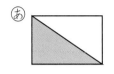 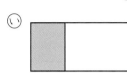 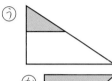

2つとも
同じ　大きさに
分けられて　いるかな。

 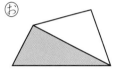

(あ、　　　　　　　)

❷ 色を　ぬった　ぶぶんが　もとの　大きさの　$\frac{1}{4}$　に　なって
いる　図は、どれですか。　📖教 下83ページ❷　　45点(1つ15)

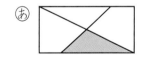  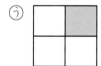

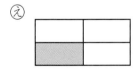 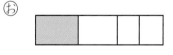 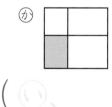

(い、　　　　　　　)

❸ 右の　●を、3人で　同じ　数に　分けました。
1人分は、何こですか。　📖教 下85ページ❸　　10点

(　　　　　　　)

●分数
⑯ **分けた 大きさの あらわし方を しらべよう**
2　ばいと 分数

[ばいと 分数に ついて 考えます。]

１ 図を 見て 答えましょう。　📖教 下86ページ❶　　50点(1つ25)

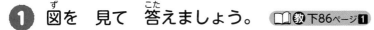

① ①の テープの 長さは、⑦の テープの 長さの
何ばいですか。

（　　　　　）

② ⑦の テープの 長さは、①の テープの 長さの
何分の一ですか。

（　　　　　）

２ 2つの テープが ならんで います。
　　□に あてはまる 数を 書きましょう。　📖教 下87ページ⑤　50点(1つ25)

① ①の 長さは、⑦の 長さの □ ばい。

② ⑦の 長さは、①の 長さの 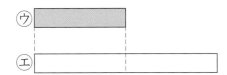。

●はこの　形
⑰　はこの　形を　しらべよう ……(1)

[はこの　形は、長方形や　正方形を　組みあわせて　作ります。]

❶ 下の　あ、いは、はこの　面を　うつしとった　ものです。

□教 下91〜92ページ❶　70点(1つ10)

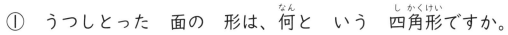

① うつしとった　面の　形は、何と　いう　四角形ですか。

あ （　　　　　　　） い （　　　　　　　）

② 面は、いくつ　ありますか。

あ （　　　　　　　） い （　　　　　　　）

③ 同じ　形の　面は、いくつずつ　ありますか。

あ （　　　　　　　） い （　　　　　　　）

④ いの　面を　切りとって　はこを　組み立てたら、下の　図の　⑦、④の　どちらに　なりますか。

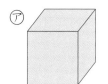 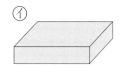

同じ　面から　できて　いるのは
どっちだったかな。

（　　　　　　　）

❷ さいころの　形を　見て、答えましょう。　□教 下93ページ❷　30点(1つ15)

① 面の　数は、（　　　　　　　）つです。

② 面の　形は、（　　　　　　　）に　なります。

教科書 下90〜93ページ

●はこの 形
⑰ はこの 形を しらべよう ……(2)

❶ ひごと ねん土玉で、右のような はこの 形を 作ります。

📖教下94ページ❸　40点(1つ10)

① どんな 長さの ひごが 何本ずつ いりますか。

3cmの ひご [ア]□本

5cmの ひご [イ]□本

8cmの ひご [ウ]□本

3cm
8cm
5cm

② ねん土玉は、何こ いりますか。　（　　　　）

[ひごが へん、ねん土玉が ちょう点と なります。]

❷ つぎの もんだいに 答えましょう。　📖教下94ページ❸

30点(①10(1つ5)・②10・③10)

① □に あてはまる ことばを 書きましょう。

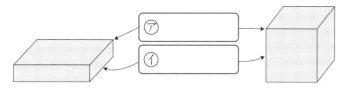
[ア]
[イ]

ひごの 数と へんの 数は 同じですね。

② [ア]は、いくつ ありますか。　（　　　　）

③ [イ]は、いくつ ありますか。　（　　　　）

❸ ひごと ねん土玉で、右のような さいころの 形を 作ります。

📖教下94ページ❸、⑤　30点(1つ10)

① どんな 長さの ひごが 何本 いりますか。

[ア]□cmの ひごが [イ]□本

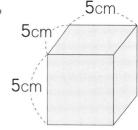
5cm
5cm
5cm

② ねん土玉は、何こ いりますか。

（　　　　）

水の　かさの　たんい
たし算と　ひき算の　ひっ算

1 □に　あてはまる　数は　いくつですか。　14点(1つ7)

① 5L＝[　　　　]mL　　② 60dL＝[　]L

2 計算を　しましょう。　28点(1つ7)

①　　45
　＋23

②　　59
　＋79

③　 156
　－ 85

④　 107
　－ 38

3 ひっ算で　しましょう。　42点(1つ7)

① 5＋98

② 54＋83

③ 608＋8

④ 80－26

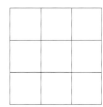

⑤ 140－46

⑥ 425－9

4 アルミかんと　スチールかんを　あわせて　124こ
あつめました。そのうち、アルミかんは　37こでした。
スチールかんは　何こ　ありますか。　16点(しき8・答え8)

しき（　　　　　　　　　　　　　　）

答え（　　　　　　　　）

学年まつの
ホームテスト

77。 かけ算（1）／かけ算（2）

時間 15分　合かく 80点　/100

月　日

サクッと
こたえ
あわせ

答え 95ページ

1 計算を　しましょう。　　　　　　　　　　60点（1つ5）

① 3×5　　② 4×7　　③ 9×9　　④ 1×3

⑤ 7×3　　⑥ 2×4　　⑦ 8×6　　⑧ 5×9

⑨ 9×2　　⑩ 8×5　　⑪ 7×4　　⑫ 6×8

2 □に　あてはまる　数を　書きましょう。　　　20点（1つ5）

① 3×8＝3×7＋□　　　② 5×4＝5×□＋5

③ 2×9＝□×2　　　　④ □×3＝3×6

3 ゆみさんは、9cmの　長さの　テープを　もって　います。
お姉さんは、ゆみさんの　3ばいの　長さの　テープを　もって
います。お姉さんの　テープの　長さは　何cmですか。

10点（しき5・答え5）

しき （　　　　　　　　　　　　　　）

答え （　　　　　　　）

4 クッキーが　6まいずつ　入った　はこが　3はこ　あります。
8まい　たべると、何まい　のこりますか。　　10点（しき5・答え5）

しき （　　　　　　　　　　　　　　）

答え （　　　　　　　）

4けたの　数／長いものの　長さの　たんい／
たし算と　ひき算

1 □に　あてはまる　数を　書きましょう。　20点(1つ5)

① 1000 を　4こ、100 を　7こ、1 を　2こ　あわせた　数は

□ です。

② 5070 は、1000 を　5こ、10 を　□ こ　あわせた　数です。

③ 100 を　29こ　あつめた　数は、□ です。

④ 10000 より　1　小さい　数は　□ です。

2 ⑦、⑦、⑦、⑦の　めもりが　あらわす　数を　( )に
書きましょう。　24点(1つ6)

3000　　4000　　5000　　6000　　7000　　8000

↑⑦　　　　↑⑦　　　　↑⑦　　　　↑⑦

(　)　　　(　)　　　(　)　　　(　)

3 □に　あてはまる　数は　いくつですか。　36点(1つ6)

① 3 cm ＝ □ mm　　② 45 mm ＝ □ cm □ mm

③ 2 m 8 cm ＝ □ cm　　④ 180 cm ＝ □ m □ cm

4 □に　あてはまる　数を　書きましょう。　20点(1つ10)

① 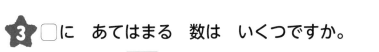 □人

15人　　32人

② 280円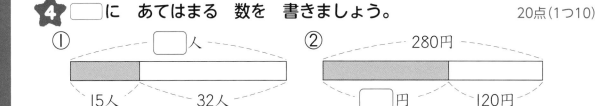

□円　　120円

●ドリルやテストがおわったら、うしろの
　「がんばりひょう」にシールをはりましょう。
●まちがえたら、かならずやり直しましょう。
　「考え方」も読み直しましょう。

→1. ① グラフと ひょう　1ページ

1 ①

		○		
		○		○
		○	○	○
	○	○	○	○
	○	○	○	○
	○	○	○	○
○	○	○		○
○	○	○		○
きりん	ひつじ	さる	うさぎ	あひる

②さる　　　③あひる　　　④きりん
⑤うさぎが　１ぴき　多い。

考え方 ○をつかってグラフにあらわすとき
は、下からじゅんに○をかいていきます。
グラフにあらわすと、数の多い少ないが、
わかりやすくなります。グラフのもっとも
高いものが、いちばん多いものです。
⑤「どちらが」「何びき」多いときかれてい
るので、うさぎだけでは答えになりません。

→2. ① グラフと ひょう　2ページ

1 ①サッカー　　②野きゅう
　　③野きゅう　と　サッカー　　④サッカー

考え方 グラフの○の数を数えて読みとりま
しょう。
④１回めと２回めの人数をあわせると、
いちばん多いのはサッカーで、１２人です。

→3. ② たし算の ひっ算　3ページ

1 ①
```
  13
+26
```
②3+6=9
③1+2=3
④39

→2.

2 ①
```
  35
+24
  59
```
②
```
  15
+63
  78
```
③
```
  45
+22
  67
```
④
```
  38
+61
  99
```
⑤
```
  19
+50
  69
```
⑥
```
  70
+25
  95
```

3 しき　62+27=89
```
  62
+27
  89
```
　　　　　　　　　答え　89円

考え方 ひっ算は、くらいをたてにそろえて
書いて、一のくらいから計算します。

→4. ② たし算の ひっ算　4ページ

1 ①5+3=8　　②6　　③68
2 ①59　　②49　　③87
④
```
  23
+ 4
  27
```
⑤
```
   5
+90
  95
```

3 しき　32+5=37
```
  32
+ 5
  37
```
　　　　　　　　　答え　37さつ

考え方 （2けたの数)+（1けたの数)のひっ
算では、1けたの数は一のくらいに書きま
す。

→5. ② たし算の ひっ算　5ページ

1 ①
```
  24
+38
```
②4+8=12
③（じゅんに）3、6
④62
2 ①
```
  19
+57
  76
```
②
```
  46
+28
  74
```
③
```
  39
+16
  55
```

$$\begin{array}{r} +27 \\ \hline 71 \end{array} \qquad \begin{array}{r} +68 \\ \hline 83 \end{array} \qquad \begin{array}{r} +36 \\ \hline 93 \end{array}$$

考え方 10のまとまりができて、上のくらいにうつすことを、くり上げるといいます。十のくらいにくり上げた1を、わすれないようにしましょう。

---

6. ② たし算の ひっ算 6ページ

❶ ①
$$\begin{array}{r} 32 \\ +18 \\ \hline \end{array}$$

② 2+8=10

③(じゅんに)1、5

④50

❷ ①
$$\begin{array}{r} 42 \\ +28 \\ \hline 70 \end{array}$$
②
$$\begin{array}{r} 53 \\ +17 \\ \hline 70 \end{array}$$
③
$$\begin{array}{r} 34 \\ +26 \\ \hline 60 \end{array}$$
④
$$\begin{array}{r} 57 \\ + 8 \\ \hline 65 \end{array}$$
⑤
$$\begin{array}{r} 72 \\ + 8 \\ \hline 80 \end{array}$$
⑥
$$\begin{array}{r} 5 \\ +25 \\ \hline 30 \end{array}$$

考え方 ❶ 一のくらいを計算すると10になるひっ算では、一のくらいに0を書き、十のくらいに1くり上げます。

❷ くらいをたてにそろえて書くことにちゅういします。十のくらいに1がくり上がったことをわすれるまちがいが多いので、気をつけましょう。

---

7. ② たし算の ひっ算 7ページ

❶ ①
〔たくや〕 〔あやか〕
たされる数	26	18
たす数・・・+	18	+ 26
答え ・・・	44	44

答え 44こ

②(じゅんに)たされる数、たす数、同じ

❷ 28+16 ╳ 70+6
54+9 ╳ 48+32
32+48 ╳ 16+28
6+70 ╳ 9+54

---

8. ② たし算の ひっ算 8ページ

❶ ①46 ②77 ③70
④29 ⑤77 ⑥40
⑦42 ⑧83 ⑨83

❷ | 16+29 | 72+15 | 30+48 |

| 48+30 | 23+25 | 29+16 | 15+72 |

❸ しき 54+28=82
$$\begin{array}{r} 54 \\ +28 \\ \hline 82 \end{array}$$

答え 82円

考え方 ❶ ①から④は、くり上がりのない計算です。⑤から⑨までは、一のくらいでくり上がるので、十のくらいに1をたすことをわすれないようにしましょう。

おうちのかたへ くり上がりのあるたし算では、くり上がった1を小さく書くと、間違いが少なくなります。
$$\begin{array}{r} \small{1} \\ 19 \\ +58 \\ \hline 77 \end{array}$$

---

9. ③ ひき算の ひっ算 9ページ

❶ ①
$$\begin{array}{r} 45 \\ -13 \\ \hline \end{array}$$
②5-3=2
③4-1=3
④32

❷ ①43 ②41 ③22
④
$$\begin{array}{r} 85 \\ -52 \\ \hline 33 \end{array}$$
⑤
$$\begin{array}{r} 59 \\ -36 \\ \hline 23 \end{array}$$
⑥
$$\begin{array}{r} 75 \\ -41 \\ \hline 34 \end{array}$$

❸ しき 28-13=15
$$\begin{array}{r} 28 \\ -13 \\ \hline 15 \end{array}$$

答え 15まい

考え方 ひき算のひっ算も、くらいをたてにそろえて、一のくらいから計算します。

❶ ①7−2=5

②5−5=0

③5

❷ ①44　②20　③19

④
$$\begin{array}{r} 58 \\ -\ 4 \\ \hline 54 \end{array}$$
⑤
$$\begin{array}{r} 88 \\ -\ 7 \\ \hline 81 \end{array}$$
⑥
$$\begin{array}{r} 46 \\ -\ 6 \\ \hline 40 \end{array}$$

❸ しき　83−50=33
$$\begin{array}{r} 83 \\ -50 \\ \hline 33 \end{array}$$

答え　33円

考え方 ❷ 答えの一のくらいが0になると
きは、0を書きわすれないようにします。

---

11. ③ ひき算の ひっ算 11ページ

❶ ①
$$\begin{array}{r} 53 \\ -17 \\ \hline \end{array}$$
②（じゅんに）13、6

③（じゅんに）4、1、3

④36

❷ ①
$$\begin{array}{r} 43 \\ -26 \\ \hline 17 \end{array}$$
②
$$\begin{array}{r} 72 \\ -58 \\ \hline 14 \end{array}$$
③
$$\begin{array}{r} 61 \\ -34 \\ \hline 27 \end{array}$$

④
$$\begin{array}{r} 93 \\ -67 \\ \hline 26 \end{array}$$
⑤
$$\begin{array}{r} 86 \\ -47 \\ \hline 39 \end{array}$$
⑥
$$\begin{array}{r} 54 \\ -29 \\ \hline 25 \end{array}$$

考え方 くり下がりのあるひっ算です。十の
くらいから１くり下げます。くり下げたあ
との数を上に小さく書いておきます。

---

12. ③ ひき算の ひっ算 12ページ

❶ ①
$$\begin{array}{r} 50 \\ -23 \\ \hline \end{array}$$
②（じゅんに）10、7

③（じゅんに）4、2、2

④27

❷ ①
$$\begin{array}{r} 80 \\ -67 \\ \hline 13 \end{array}$$
②
$$\begin{array}{r} 40 \\ -25 \\ \hline 15 \end{array}$$
③
$$\begin{array}{r} 72 \\ -63 \\ \hline 9 \end{array}$$

④
$$\begin{array}{r} 51 \\ -49 \\ \hline 2 \end{array}$$
⑤
$$\begin{array}{r} 75 \\ -\ 8 \\ \hline 67 \end{array}$$
⑥
$$\begin{array}{r} 80 \\ -\ 4 \\ \hline 76 \end{array}$$

たてにそろえて書くときにちゅういします。

❷ ①、②、⑥ひかれる数の一のくらいが0
なので、十のくらいから１くり下げます。

---

13. ③ ひき算の ひっ算 13ページ

❶ ①色紙の　数…38まい

赤い　色紙…16まい

②しき　38−16=22　〔ひっ算〕
$$\begin{array}{r} 38 \\ -16 \\ \hline 22 \end{array}$$

答え　22まい

③しき　22+16=38

④（じゅんに）ひく数、ひかれる数

❷

45−26　・　　　・16+29

75−59　・　　　・19+34

53−34　・　　　・16+59

45−29　・　　　・19+26

　　　　　　　　・16+34

考え方 計算してから答えをたしかめること
が大切です。ひき算では、答えにひく数を
たしてひかれる数になることでたしかめら
れます。

❷ まず、ひき算をして答えをもとめ、たさ
れる数を見つけます。

---

14. ③ ひき算の ひっ算 14ページ

❶ ①22　②28　③6

④33　⑤56　⑥5

⑦52　⑧75　⑨86

❷

| 86−50 | 67−3 | 48−23 |

| 64+3 | 25+23 | 36+50 | 3+67 |

❸ しき　35−27=8
$$\begin{array}{r} 35 \\ -27 \\ \hline 8 \end{array}$$
答え　8本

考え方 ひき算も一のくらいから計算するこ
とをしっかりおぼえておきましょう。

❷ はじめに上の３つのしきの答えをもとめ
ます。その答えに、ひく数をたしたしきを
さがします。

15。 ④ 長さの たんい 15ページ

❶ ④

❷ ⑦12cm　④8cm　⑨3cm

❸ ⑦1cm　④6cm
　 ⑨5cm　　㋛10cm

考え方 ❸ 長さをはかるときは、はしからはしまでをはかります。⑦、⑨、㋛の左はしにちゅういして長さをはかりましょう。

16。 ④ 長さの たんい 16ページ

❶ 8cm2mm

❷ ⑦8mm　　　　④4cm5mm
　 ⑨6cm　　　　㋛12cm9mm

❸ ①3cm　　　　②2cm8mm

考え方 ものさしの小さい1めもりは1mmをあらわします。1cmのめもりがいくつと、あと1mmがいくつで、長さをきめましょう。

17。 ④ 長さの たんい 17ページ

❶ ①10cm5mm　　②105mm

❷ ①11cm　　　　②6cm7mm

❸ ①80　　　　　②5
　 ③24　　　　　④(じゅんに)5、7

❹ (ものさしをつかって、まっすぐな線をひきましょう。) 図はしょうりゃく。

考え方 線などの長さをはかるときは、左はしとものさしの左はしをあわせて、ものさしのめもりをよみます。

小さい1めもりは1mmをあらわし、10めもりで1cmです。だから1cm=10mm。

18。 ④ 長さの たんい 18ページ

❶ ①(じゅんに)4、5、5、9、5
　　　　　　　　　答え 9cm5mm

　 ②(じゅんに)5、3、8
　　　　　　　　　　答え 8cm

　 ③(じゅんに)9、5、8、1、5
　　 答え ⑦の 線が 1cm5mm 長い

❷ ①13cm3mm　　②10cm8mm
　 ③6cm7mm　　④6cm4mm

考え方 長さの計算は、cmどうし、mmどうしで、たしたり、ひいたりします。

19。 ⑤ 3けたの 数 19ページ

❶ ①324　　　　②412

❷ ⑦5　　④3　　　⑨8
　 ㋛6　　㋠2　　　㋑0

❸ ①百八十五　　②七百二十
　 ③四百六　　　④三百

❹ ①132　　　　②850
　 ③705　　　　④500

考え方 ❶ 100のまとまり、10のまとまり、1のまとまりがそれぞれ何こあるかしらべます。

❹ 何もないくらいには、0と書きます。

20。 ⑤ 3けたの 数 20ページ

❶ ⑦7　　④3　　　⑨6

❷ ①529
　 ②(じゅんに)2、4、3
　 ③(じゅんに)7、6

❸ ①814　　　　②605
　 ③237　　　　④900

考え方 ❷ ①お金で考えると、100円玉5こ、10円玉2こ、1円玉9こになります。②③も、お金やカードで考えてもよいでしょう。

❸ 数にあらわすときは、百のくらい、十のくらい、一のくらいのじゅんに書きます。③、④の書き方にちゅういしましょう。

❶ ①570　②29
　③67　④43
❷ ①⑦70　①310　⑦460　①790
　②
```
      400    500    600    700
  |....|....|....|....|....|....|....
                        ↑
```
❸ ①(じゅんに)695、700、710、715
　②(じゅんに)395、408、415

考え方 ❶ 10が10こあつまって100と
なります。
❷ 小さい1めもりがいくつになるかをしら
べることが大切です。
❸ 1めもりの大きさは、①では685から
つぎのめもりが690だから5とわかりま
す。②では、390と400で10の間に
10の小さいめもりがあるから1とわかり
ます。

(22.) ⑤　3けたの　数　22ページ

❶ ①(じゅんに)10、1000
　②1000(または千)
❷ ①10　②200
　③600　④940
　⑤1000　⑥10こ
❸ ①600　②500
　③57

考え方 ❶ 100円玉が10こで1000円
です。お金で考えるとわかりやすくなりま
す。
❷ 小さい1めもりは、0から100を10
に分けているから、10とわかります。

(23.) ⑤　3けたの　数　23ページ

❶ ①130　②130
　③110　④130
　⑤120　⑥130
❷ ①80　②30
　③80　④70
　⑤80　⑥40
❸ ①600　②800

⑤500　⑥300
❹ ①870　②800
　③509　④500

考え方 ❶❷ 何十たす何十の計算も、百
何十ひく何十の計算も、10がいくつとい
くつで考えます。80+50は、10が8+5
で13から→130、140-60も、10が
14-6で8から→80ともとめられます。
❸ 100のまとまりを考えて計算します。
❹ 100のまとまりだけでは考えられません。
このように何百と何十やいくつの計算は、
十のくらい、一のくらいどうしで計算して
いきます。❸の計算も、百のくらいどうし
の計算になることがわかります。

(24.) ⑤　3けたの　数　24ページ

❶ ①402に○、百
　②589に○、一
　③965に○、十
❷ ①<　②<　③>　④>
❸ ①<　②=　③<　④>
❹ 3、2、1、0

考え方 数の大きさをくらべるときは、大き
いくらいからくらべていきます。
❷ ①百のくらいが同じ数なので、十のく
らいでくらべます。②百のくらいも十の
くらいも同じ数なので、一のくらいでくら
べます。
❸ 計算のしきと数の大小をくらべるときは、
まず計算してから考えます。
①70+50=120だから、120と130
をくらべます。
❹ 十のくらいの数で考えます。4とすると、
541<548となり、4より小さい数とわ
かります。あてはまる数は1つとはかぎり
ません。

1 ①609　②840　③365

2 ①⑦798　　⑦800
　　　⑦801　　㊉804
　　②⑦600　　①750
　　　⑦900　　㊉1000

3 ①<　　②<　　③=　　④>

4 ①110　　②130
　　③60　　④90
　　⑤900　　⑥600
　　⑦350　　⑧500

考え方 **1** ①690とするまちがいが見られます。十のくらいは０になることに、ちゅういしましょう。
③まちがえて、563としないように。
2 小さい１めもりがいくつをあらわすかしらべます。
3 百のくらいから数の大きさをくらべていきます。③、④のように計算のしきと数をくらべるときは、まず計算をして、答えとくらべます。

おうちのかたへ 何百や何十のある計算は、100の束や10の束がいくつと考えますが、位どうしの計算ができるようにしましょう。

26。⑥ 水の かさの たんい 26ページ

1 ①⑦の　コップ…8dL
　　　①の　コップ…5dL
　　②3dL

2 ①20dL
　　②(じゅんに)22dL、2L2dL
　　③(じゅんに)16dL、1L6dL

考え方 **1** ②8dLと5dLから、3dL多いことがわかります。
2 1L=10dLのかんけいをしっかりおぼえておきましょう。①では、2LをdLになおします。

1 ①⑤10　　　　○1000
　　②⑤30　　　　○5000
　　　⑦(じゅんに)1、5 ⑤2

2 ①10ぱい　②1000mL　③1L

3 1000

考え方 1L=1000mL、1L=10dL
2 100mL入るコップで10ぱいだから、1000mLとなります。
　　リットルは大きな入れものにつかわれて、ミリリットルは小さな入れものにつかわれます。みのまわりの入れものにはどんなたんいがつかわれているかよくしらべましょう。

28。⑥ 水の かさの たんい 28ページ

1 ①(じゅんに)3、2、5　　答え 5L
　　②しき 3L−2L=1L　　答え 1L

2 ①しき 1L5dL+1L=2L5dL
　　　　　　　　答え 2L5dL
　　②しき 1L5dL−1L=5dL
　　　　　　　　答え 5dL

3 ①5L5dL　　②4L8dL
　　③1L　　④1L7dL

考え方 **1** かさをあわせるとき、たし算でもとめます。かさのちがいは、ひき算でもとめます。
計算は、LどうしでdLどうしでたしたり、ひいたりします。
3 ④7dLから2Lをひいて、3L5dLとするまちがいに気をつけましょう。

29。⑦ 時こくと 時間 29ページ

1 ①10分
　　②35分
　　③(じゅんに)1時間、60分

2 ①2時20分
　　②1時

3 ①100
　　②(じゅんに)2、30

ます。左から9時、9時10分、9時45
分、10時です。

❷ ②長いはりを20分もどした時こくです。

❸ 1時間＝60分から、①1時間40分は
1時間と40分→60分と40分と考えま
す。

---

30. ⑦ **時こくと 時間** 30ページ

❶ ①午前6時25分
②午後8時50分

❷ ①12時間
②12時間
③24時間

❸ ①4時間
②4時間30分

考え方 ❷❸ 時計の数の線を見てもとめ
ますが、なれてきたら頭の中で考えるよう
にします。

---

31. **たし算の ひっ算** 31ページ

⭐ ①77　②88　③83　④60

⭐ ① 24　② 38　③　5　④ 19
　　　＋66　　＋40　　＋57　　＋ 4
　　　　90　　　78　　　62　　　23

⭐ しき　26＋28　　26
　　　　＝54　　　＋28
　　　　　　　　　　54
　　　　　　　　　　　答え　54ページ

⭐ ①しき　38＋14＝52　　　38
　　　　答え　52こ　　　　＋14
　　　　　　　　　　　　　　52

②しき　38＋52＝90　　　38
　　　答え　90こ　　　＋52
　　　　　　　　　　　　90

考え方 ⭐ ひっ算の書き方は、くらいを
そろえて書くことをわすれないようにしま
しょう。

⭐ ②38＋14＝52（こ）ではありません。
もんだいの文をよく読みましょう。

---

❶ ①62　②18　③4　④46

❷ ① 68　② 70　③ 34　④ 91
　　　－42　　－52　　－ 8　　－ 9
　　　　26　　　18　　　26　　　82

❸ ①70　　　　②5
③64　　　　④（じゅんに）8、4

❹ ①5cm8mm
②2cm6mm
③4cm7mm
④5cm3mm

❺ しき　23－6＝17　　23
　　　　　　　　　　　－ 6
　　　　　　　　　　　17　答え　17人

考え方 ❶ 一のくらいから計算します。

❷ ひっ算の書き方にちゅういしましょう。

❸ 1cm＝10mmをわすれないことです。

❹ 長さの計算は、cmどうし、mmどうしで
計算します。③では4mmと4cmをたし
て、8cm3mm、④では5cm－5mmで
8mmと答えるまちがいが多いので気をつ
けましょう。

おうちのかたへ 2けたのたし算やひき算を筆算で書
くとき、位をそろえて書くのを忘れて、計
算しやすい数にあわせてしまうミスが多い
ので注意します。

---

33. 3けたの 数／水の かさの たんい／
時こくと 時間 33ページ

❶ ①703
②590

❷ ①823
②670
③1000

❸ ①2　　　　　②8000
③（じゅんに）2、5　④3

❹ ①5L8dL
②5L

❺ ①5時間20分
②午前10時30分

は、0を書きわすれないことです。

3 | L=10 dL、| L=1000 mL のかんけいをしっかりおぼえておきましょう。

5 ①午前 | | 時から正午まで | 時間、正午から午後4時20分までを4時間20分と考えます。

34. ⑧ 計算の くふう

34ページ

1 ①7+(14+6)=27
②15+(27+3)=45
③24+(8+12)=44
④9+(35+5)=49

2 ①18 　　　　②19
③57 　　　　④49

3 しき　16+7+3=26　　答え　26羽

4 同じ

考え方 **1** ①7+(14+6) とします。
②15+(27+3) とします。
③24+(8+12) とします。
④9+(35+5) とします。

2 （ ）のついたしきでは、（ ）の中を先に計算します。

35. ⑧ 計算の くふう

35ページ

1 ①32 　　　　②65
③54 　　　　④41

2 しき　37+8=45　　　答え　45まい

3 ①55 　　　　②66
③42 　　　　④36

4 しき　34-6=28　　　答え　28まい

---

20 7　　　　20+12=32
27+5　　　27+3=30
△
3 2　　　　30+2=32

上の計算では、たされる数とたす数の一のくらいの数から計算します。下の計算は、たされる数を何十の数にするくふうをします。

3 ① 63-8　　　　13-8=5
△
50 13　　　　50+5=55
63-8　　　　63-3=60
△
3 5　　　　60-5=55

上の計算では、63の3から8はひけないので、63を50と13に分けて考えます。下の計算では、63の3をひくために、ひく数の8を3と5に分けて考えます。
自分の計算しやすいほうで計算するようにしましょう。

36. ⑨ たし算と ひき算の ひっ算

36ページ

1 ①4+5=9
②(じゅんに)　7+6=13、3、|
③139

2 ①146 　　②128 　　③157
④104 　　⑤106

3
① 87　　② 28　　③ 97
　+52　　 +79　　 + 5
　139　　 107　　 102

考え方 十のくらいが、10か10より大きくなったら、百のくらいに|くり上げます。

37. ⑨ たし算と ひき算の ひっ算

37ページ

1 ①117 　　　　②143
③137 　　　　④121
⑤130 　　　　⑥102
⑦101 　　　　⑧100

2 ①できる
②しき　45+37=82　　答え　82円

考え方 **2** ①ノートを50円、えんぴつを40円とみて、100円で買えるかを考えます。

❶ ①7−2=5　②13−4=9
③95　　　　④　　95
　　　　　　　＋　42
　　　　　　　１３７

❷ ①76　②83　③73
④35　⑤52

❸ ① １１６　② １６５　③ １０７
　 − 　２３　 − 　９４　 − 　４７
　　　９３　　　７１　　　６０

考え方 百のくらいから１くり下げるひっ算です。

❶ ④ひき算の答えのたしかめは、答えとひく数をたして、ひかれる数になるかどうかを計算します。

❸ くらいをたてにそろえて書きます。

39。⑨ たし算と ひき算の ひっ算 39ページ

❶ ①18−9=9　　②13−6=7
③79

❷ ①66　②69　③84
④98　⑤96

❸ ① １０５　② １０７　③ １０１
　 − 　４８　 − 　３９　 − 　　６
　　　５７　　　６８　　　９５

考え方 十のくらいからくり下げて、百のくらいからもくり下げるひっ算です。くり下げたあとの数を上に小さく書いておきます。

40。⑨ たし算と ひき算の ひっ算 40ページ

❶ ①389　②599　③505

❷ ①　　39　② ４１６　③ ４７５
　 ＋２３５　 ＋ 　４　 − 　５８
　　２７４　　 ４２０　　 ４１７

❸ ① ４２８　② １０３　③ ２７４
　 ＋ 　３３　 ＋ 　２７　 ＋ 　　７
　　 ４６１　　 １３０　　 ２８１

④ ６８６　⑤ ４３５　⑥ ３１７
 − 　６９　 − 　２７　 − 　　８
　 ６１７　　 ４０８　　 ３０９

❹ しき　213+85=298
　　　　　　答え　298まい

（右段）

数から順に計算していきます。
❷❸ のひっ算では、くらいをそろえて書くことにちゅういしましょう。

41。⑨ たし算と ひき算の ひっ算 41ページ

❶ ①158　②193　③104
④93　⑤543　⑥308

❷ ①　　68　②　　27　③　　　8
　 ＋７１　　 ＋１４８　　 ＋９４
　 １３９　　 　１７５　　 　１０２

④ １３８　⑤ １４３　⑥ ７４３
 − 　６２　 − 　７５　 − 　３６
　　７６　　　６８　　 ７０７

❸ しき　160−75=85
　　　　　　答え　85円

考え方 ❶ ①は十のくらいでくり上がりのあるたし算です。③は２回のくり上がりのあるたし算です。まちがいにちゅういしましょう。

おうちのかたへ くり下がりのあるひき算では、くり下がりのあった数から１をひいて小さく書くようにしましょう。
　　　　　２
　１３４
　− 　６５

42。⑩ 長方形と 正方形 42ページ

❶ ①あ、う、か、く
②い、え、お、き
❷ ①三角形
②四角形
③（じゅんに）へん、ちょう点
❸ （じゅんに）3、3、
4、4

考え方 三角形は、３本の直線でかこまれた形で、へんが３つ、ちょう点が３つあります。四角形は、４つの直線でかこまれた形で、へんが４つ、ちょう点が４つあります。

❶ ①ⓘ、ⓚ　　②ⓤ、ⓞ

❷ ①〔れい〕　　②〔れい〕

❸ （じゅんに）三角形、三角形

考え方 **❶** ⓐは、直線でない線があるので、三角形ではありません。ⓔは、直線ではない線があるので、四角形ではありません。ⓚは、かこまれていないので、三角形ではありません。

---

44. ⑩　長方形と　正方形　**44** ページ

❶ ⓘ、ⓔ

❷ ① ② ③

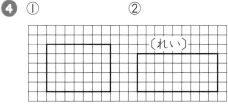

❸ ⓤ

❹ ① ②

〔れい〕

考え方 **❶** 三角じょうぎの１つのかどは、直角になっています。

❸ ４つの角が直角なものをさがします。

❹ ②は、たてのめもりをかえても、かどが直角になっていれば正しいとします。

---

❶ ⓘ、ⓤ

❷ ① ②

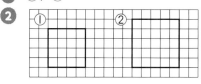

❸

１cm
１cm

考え方 **❶** ⓤのかどもみんな直角です。

❷ 正方形では、へんの長さが１つきまると、形も１つにきまります。

❸ 方がん紙のめもりの線にあわせてかきます。②の長方形のよこが６cmだから、よこ長の長方形をかきましょう。

---

46. ⑩　長方形と　正方形　**46** ページ

❶ ⓘ、ⓔ

❷ ① ②

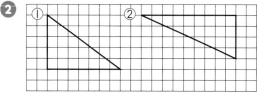

❸ ①長方形、正方形
②正方形

考え方 **❶** 直角を見つけるには、三角じょうぎの直角のぶぶんをつかってさがします。

❷ 方がん紙のそれぞれのますは正方形になっているので、方がん紙のかどは直角です。

❸ ①のように長方形を切ると、直角のぶぶんができません。正方形は４つとも直角三角形になります。

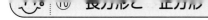

① ⑩ 長方形と 正方形

1 ①（じゅんに）へん、ちょう点
　②（じゅんに）4、4

2 長方形…ⓘ、こ
　正方形…ⓞ、 け
　直角三角形…え、く

3 ①　　　　　　　②

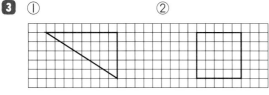

考え方 **2** それぞれの形のへんの長さ、か
どの大きさにちゅういしてさがし出します。
3 ②正方形はたてとよこのめもりの数が
同じになるようにかきます。

おうちの
かたへ 長方形は四角形の中で、4つの角が
直角なものです。また、4つの角が直角で
4つの辺が同じものを正方形といいます。
三角形の中でも1つの角が直角のものを直
角三角形といいます。

48。 ① かけ算(1)　48ページ

1 ①（じゅんに）2、4、8
　②2×4＝8

2 ①4×3　　　　　②3×4

3 ⓘ

考え方 **1** みかんは、1さらに2こずつ4
さら分で、8こです。
このことを、かけ算のしきに書くと、
2×4＝8となります。
3 5×2は、5この2つ分をあらわしてい
ます。

① かけ算(1)

1 ①6×3
　②6＋6＋6＝18　　　　　答え　18こ

2 ⑦しき　4×3
　⑦しき　4＋4＋4＝12
　　　　　　　　　　　　　答え　12こ

3 3ばい
　しき　2×3＝6
　　　　　　　　　　　　　答え　6cm

考え方 かけ算の答えは、たし算でもとめる
ことができます。
1 6×3は、6この3つ分をあらわして
いるので、6＋6＋6の計算と同じです。

50。 ① かけ算(1)　50ページ

1 ①3
　②しき　5×3＝15　　　答え　15こ

2 ①10　　　②40　　　③25
　④45　　　⑤20

3 しき　5×7＝35
　　　　　　　　　　　　　答え　35まい

考え方 **1** ②1つ分の数が5、いくつ分の
数が3なので、しきは5×3となります。

51。 ① かけ算(1)　51ページ

1 ①6
　②しき　2×6＝12　　　答え　12こ

2 ①6　　　②18　　　③8
　④10　　　⑤16

3 しき　2×7＝14
　　　　　　　　　　　　　答え　14人

考え方 **1** ②1つ分の数が2、いくつ分の
数が6なので、しきは2×6となります。

① ①しき　3×5＝15　　　答え　15人
②3
③5
② ①21　　②12　　③18
④6　　⑤24　　⑥27
③ ①しき　3×8＝24　　　答え　24本
②3本

考え方 ③ ①1つ分の数は3なので、しきは3×8となります。8×3としないようにしましょう。
②3のだんでは、かける数が1ふえると答えは3ふえます。

(53。) ⑪ かけ算(1) 53ページ

① ①しき　4×7＝28　　　答え　28本
②4
② ①24　　②20　　③8
④36　　⑤28　　⑥16
③ しき　4×6＝24　　　答え　24こ
④ 2×4

考え方 ① ①1つ分の数は4なので、しきは4×7となります。
②4のだんでは、かける数が1ふえると答えは4ふえます。

---

① ①しき　5×7＝35　　　答え　35こ
②しき　2×8＝16　　　答え　16こ
② ①

		かける数								
		1	2	3	4	5	6	7	8	9
かけられる数	2	2	4	6	8	10	12	14	16	18
	3	3	6	9	12	15	18	21	24	27
	4	4	8	12	16	20	24	28	32	36
	5	5	10	15	20	25	30	35	40	45

②4
③3

考え方 ① ①1つ分の数は5なので、しきは5×7となります。
② 2のだん、3のだん、4のだん、5のだんの九九をまちがえないでいえるまで、くりかえしれんしゅうしましょう。

おうちのかたへ　かけ算の九九で、かける数が1ずつ増えると、かけられる数だけ増えます。もし3×7がわからなくなったときは、3×6に3をたせばよいと考えます。

(55。) ⑫ かけ算(2) 55ページ

① ①しき　6×5＝30　　　答え　30こ
②6こ
② ①18　　②36
③42　　④54
⑤30　　⑥48
③ ①2×6　　②3×4

考え方 ① ②6のだんでは、かける数が1ふえると、答えはかけられる数の6だけふえます。

❶ ①2×7　　　　②7
❷ ①35　　　　　　②28
　　③49　　　　　　④14
　　⑤63　　　　　　⑥42
❸ しき　7×8=56　　　答え　56まい
❹ ⑦7　　　　　①3

考え方 **❶** ②7のだんでは、かける数が1
ふえると答えはかけられる数の7だけふえ
ます。
❹ 7×3の7が1つ分なので、7本になり
ます。3がいくつ分なので3人になります。

---

57. ⑫ **かけ算（2）**　　57ページ

❶ ①しき　8×6=48　　　答え　48こ
　　②しき　8×7=56　　　答え　56こ
　　③8こ
❷ ①32　　　　　　②56
　　③24　　　　　　④48
　　⑤72　　　　　　⑥64
❸ ①しき　8×9=72　　答え　72まい
　　②しき　8×8=64　　答え　64まい

考え方 **❶** ③8のだんでは、かける数が1
ふえると、答えはかけられる数の8だけふ
えます。
❸ ②のこりのふくろは、9−1=8より、
8ふくろになります。かける数が1へると、
かけられる数だけへるから、72−8=64
としてももとめられます。

---

❶ ①しき　9×6=54　　　答え　54人
　　②9人
❷ ①27　　　　②45　　　　③54
　　④72　　　　⑤36　　　　⑥81
❸ ①しき　9×7=63　　　答え　63まい
　　②9まい
❹ しき　1×6=6　　　　　答え　6こ

考え方 **❶**②、**❸**②9のだんでは、かけ
る数が1ふえると、答えはかけられる数の
9だけふえます。
❷ 9のだんで答えがすぐ出てこないときは、
かけられる数とかける数を入れかえて、
①9×3では、3×9と3のだんで答えら
れることもおぼえておきましょう。
❹ みかんを1人に1こずつ、6人にくばる
から、1×6のかけ算のしきになります。

---

59. ⑫ **かけ算（2）**　　59ページ

❶ ①4　　　　　　②9×7
❷ ①6　　　　　　②5
❸ ①1×4、2×2、4×1
　　②2×9、3×6、6×3、9×2
　　③8×9、9×8

考え方 **❶** ①かける数が1ふえると、答
えはかけられる数だけふえるので、4×6
の答えは4×5の答えより4ふえます。
②かけられる数とかける数を入れかえて計
算しても、答えは同じになるので、7×9
と答えが同じになる九九は9×7です。
❸ 九九のひょうの中からさがしましょう。

---

60. ⑫ **かけ算（2）**　　60ページ

❶ 4ばい
❷ しき　4×3=12　　　答え　12cm
❸ しき　7×4=28　　　答え　28人
❹ 24

つ分のことを2ばい、3つ分のこ
とを3ばい、4つ分のことを4ばいといい
ます。1ばいは、1つ分のことです。

❶ ⑦のテープの長さは、⑦のテープの長さ
の4つ分なので、4ばいになります。

❷ 何ばいかの大きさをもとめるときも、か
け算のしきになるので、4×3=12(cm)
となります。

61 ⑫ かけ算(2)

❶ ①(じゅんに)2、2、18
　②(じゅんに)3、18
　③(じゅんに)4、6、18

❷ しき 〔れい〕4×6=24　答え 24こ

考え方 ❶ ①2つに分けて、あとからたし
ます。
②あいているところへうごかします。
③あいているところをあとからひきます。

❷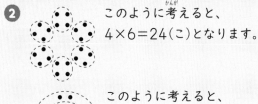
このように考えると、
4×6=24(こ)となります。

このように考えると、
6×4=24(こ)となります。

62 ⑫ かけ算(2)

❶ ①18　　②35　　③9
　④32　　⑤21　　⑥36
　⑦72　　⑧36　　⑨40

❷ しき 4×7=28　　答え 28cm

❸ しき 7×6=42　　答え 42cm

❹ ①2×8、4×4、8×2
　②3×8、4×6、6×4、8×3

考え方 ❸ 何ばいかの大きさをもとめると
きも、かけ算のしきになるので、
7×6=42(cm)となります。

九九の言えがすらすら出てくるまでく
九九を練習しましょう。
かける数の小さい方から覚えたら、次は、
かける数の大きい方からも言ってみましょ
う。

63 計算の くふう/たし算と ひき算の ひっ算/長方形と 正方形

❶ ①27　　　　　②59
　③33　　　　　④55

❷ ①121　　　　②103
　③285　　　　④83
　⑤67　　　　　⑥404

❸ しき 103−18=85　　答え 85回

❹ ⑦…直角三角形　　　⑦…長方形
　⑦…正方形　　　　　⑦…長方形
　⑦…正方形

考え方 ❶ ①・②かっこをつかって計算
のじゅんじょをかえます。
①7+(18+2)=27
②19+(34+6)=59
③ 27+6　　7+6=13
　20 7　　20+13=33
④ 64−9　　14−9=5
　50 14　　50+5=55

❷ くり上がり、くり下がりにちゅういして
計算しましょう。

❹ 方がん紙はたて、よこの長さが同じで、
かどが直角になっています。四角形では、
へんの長さが同じかどうかで見わけます。

64 かけ算(1)/かけ算(2)

❶ ①20　　　　　②16
　③10　　　　　④24
　⑤30　　　　　⑥27
　⑦42　　　　　⑧56

❷ ①3　　②4　　③3
　④8　　⑤1　　⑥4

❸ しき 4×7=28　　答え 28cm

❹ しき 9×3=27　　答え 27まい

と、かけられる数だけふえる。

⑤⑥は、かける数が１へると、かけられる
数だけへるので、その分をたしたしきであ
らわしています。

65. ⑬ ４けたの 数　65ページ

❶ ①3　②0
❷ ①2435　②5086
　③8000　④4008
❸ 6473
❹ ①(じゅんに)6、2、9
　②3195

考え方 ❶ ②0もくらいをあらわす数字と
なります。

❷ ②百のくらいが0となるので、5086
となりますが、よくまちがえるのは0を書
かないで、586とすることです。

❸ [1000]が5こ、[100]が14こ、[10]が7こ、
1が3こあります。[100]が10こで[1000]
になるから、14こは1400と考えます。
5000と1000と400と70と3で考
えます。

66. ⑬ ４けたの 数　66ページ

❶ ①7500　②4000
　③80　④29
　⑤7
❷ ①⑦5700　①5900
　　⑦6000　①6100
　②⑦2930　①2970
　　⑦3000
❸ ①1400　②1100

考え方 ❶ ①100が10こで1000な
ので、75こでは、7500になります。
④2900は2000と900をあわせた数
です。2000は100が20こ、900は
100が9こなので、2900は100を
29こあつめた数になります。

❷ 1めもりがいくつかをまず考えます。①
では5500のつぎが5600だから、100
ふえたことより、②は2910から2920
と10ふえたことより、1めもりの大きさ
がわかります。

❸ 100がいくつかで考えます。①は100
が6+8=14から、100が14で1400
となります。

67. ⑬ ４けたの 数　67ページ

❶ ⑦一万　①10000
❷ ①10000　②10000
❸ ⑦9993　①9997　⑦10000
❹ ①6000　②7000　③63

考え方 ❷ 10000の数は、9000より
1000大きい数、1000が10こあつまっ
た数、100が100こあつまった数など
といえるようにしましょう。また9999
より1大きい数でもあります。

❸ 1めもりの大きさは、9990と9995
の間が5つあるから、1めもりは1と考え
ます。

68. ⑭ 長い ものの 長さの たんい　68ページ

❶ ①120cm
　②1m20cm
　③(じゅんに)3つ分、10cm
❷ 2m60cm

考え方 ❶ 30cmのものさし4本分の長
さは30+30+30+30=120(cm)で
す。100cm=1mなので、120cmは
1m20cmです。

❷ 1mのものさしで2つ分は2mです。

❶ ①500　　　②340
　　③(じゅんに) 1、75　④6

❷ しき　2 m 30 cm＋50 cm＝2 m 80 cm
　　　　　　　　答え　2 m 80 cm

❸ 130 cm

❹ 8 m 30 cm

考え方 **❶** 1 m＝100 cm です。
❷ cm どうしの たし算を します。
❸ 1 m と 30 cm で 1 m 30 cm となります。これを cm になおして考えます。
❹ 1 m の 8つ分は 8 m となります。

70. ⑮ たし算と ひき算　70ページ

❶ ぜんぶの おはじき…40 こ　赤…27 こ
青…13 こ

❷ しき　31－19＝12
　　　　　　　　　　答え　12 羽

❸ ①あげた…17 まい
　　のこり…26 まい
　②しき　17＋26＝43
　　　　　　　　　答え　43 まい

考え方 **❸** はじめに あった まい数を もとめるので、答えを もとめる しきは たし算になります。
　たし算で もとめるのか ひき算で もとめるのか、図を 見ると わかります。自分で 図をかくことも 大切です。

71. ⑮ たし算と ひき算　71ページ

❶ ①買って きた…23 まい
　　ぜんぶで…43 まい
　②しき　43－23＝20
　　　　　　　　　答え　20 まい

❷ しき　84＋29＝113
　　　　　　　　答え　113 円

❸ ①50
　②30

をもとめるので、答えをもとめるしきはひき算になります。

❷ 図にあらわして考えます。

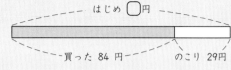

❸ ①120－70＝50
　②12＋18＝30

おうちのかたへ　図があたえられていないときは、自分で図をかいて考えます。

72. ⑯ 分数　72ページ

❶ あ、え、か

❷ い、う、え

❸ 4 こ

考え方 **❶** 分けた 2つの 形が 同じ 大きさに なっているものです。
❷ 分けた 4つの 形が 同じ 大きさに なっているものです。
❶❷ とも、分けた 形は 同じ 形に なっています。
❸ 1人分は、12 この $\frac{1}{3}$ で 4こです。

73. ⑯ 分数　73ページ

❶ ①4 ばい
　②$\frac{1}{4}$(四分の一)

❷ ①2
　②$\frac{1}{2}$

考え方 **❶** ①のテープの長さは⑦のテープの長さの 4ばい、⑦のテープの長さは①のテープを 4つに分けた 1つ分です。

1 ①あ長方形　　　　　い正方形

　②あ6つ　　　　　　い6つ

　③あ2つずつ　　　　い6つ

　④⑦

2 ①6

　②正方形

考え方 はこの形は、長方形や正方形からできていますが、さいころの形は正方形からできています。

---

75. ⑰ はこの 形　　　　**75**ページ

1 ①⑦4　　　　①4　　　　⑦4

　②8こ

2 ①⑦ちょう点　　　　①へん

　②8こ

　③12本

3 ①⑦5　　　　　①12

　②8こ

考え方 ひごがへんに、ねん土玉がちょう点になります。

---

76. 水の かさの たんい
たし算と ひき算の ひっ算　　**76**ページ

1 ①5000　　　　②6

2 ①68　　　　　②138

　③71　　　　　④69

3
```
①    5     ②   54     ③  608
    +98       +83        +  8
    ───       ───        ────
    103       137        616

④   80     ⑤  140     ⑥  425
   -26       - 46       -  9
   ───       ───        ───
    54        94        416
```

4 しき　124-37=87

　　　　　　　　答え　87こ

考え方 **3** ひっ算の書き方にちゅういしましょう。くらいをそろえて書きます。一のくらいから計算していきます。

2年では3桁までの数のたし算やひき算を学習しましたが、数が大きくなっても計算の仕方は、一の位から順に計算することは同じです。間違いやすいのはくり上がりやくり下がりですから、しっかりおさえましょう。

---

77. かけ算(1)／かけ算(2)　　**77**ページ

1 ①15　　　　　②28

　③81　　　　　④3

　⑤21　　　　　⑥8

　⑦48　　　　　⑧45

　⑨18　　　　　⑩40

　⑪28　　　　　⑫48

2 ①3　　　　　②3

　③9　　　　　④6

3 しき　9×3=27

　　　　　　　　答え　27cm

4 しき　6×3=18　18-8=10

　　　　　　　　答え　10まい

考え方 **4** しきは、かけ算とひき算の2つになります。

おうちのかたへ かけ算九九は、これからの数が大きいかけ算の基本となりますから、しっかり覚えておきましょう。

1 ①4702
②7
③2900
④9999

2 ㋐3200　　　　㋑4800
㋒6400　　　　㋓7600

3 ①30　　　　②(じゅんに) 4、5
③208　　　　④(じゅんに) 1、80

4 ①47　　　　②160

考え方 **1** くらいに数がないときは、0を
書きます。

2 1めもりがあらわす数を考えます。1め
もりは100となります。

3 1cm＝10mm、1m＝100cm

4 ①15＋32＝47
②280－120＝160